野生动物朋友的来信

LETTERS
FROM
WILDLIFE
FRIENDS

赵序茅

········

著

广西科学技术出版社

图书在版编目（CIP）数据

野生动物朋友的来信 / 赵序茅著 . —南宁：广西
科学技术出版社，2021.7（2023.9 重印）
ISBN 978-7-5551-1554-0

Ⅰ.①野… Ⅱ.①赵… Ⅲ.①野生动物—普及读物
Ⅳ.①Q95-49

中国版本图书馆CIP数据核字（2021）第018312号

YESHENG DONGWU PENGYOU DE LAIXIN

野生动物朋友的来信

赵序茅　著

策划编辑：罗绍松　何杏华　罗煜涛
责任编辑：罗绍松　　　　　　　　　责任印制：韦文印
责任校对：夏晓雯　　　　　　　　　装帧设计：梁颢蓝

出 版 人：卢培钊
出　　版：广西科学技术出版社
社　　址：广西南宁市东葛路 66 号　　邮政编码：530023
网　　址：http://www.gxkjs.com

经　　销：全国各地新华书店
印　　刷：广西壮族自治区地质印刷厂

开　　本：880mm×1240mm　　1/32　　字　　数：136 千字
印　　张：6.375
版　　次：2021 年 7 月第 1 版
印　　次：2023 年 9 月第 3 次印刷
书　　号：ISBN 978-7-5551-1554-0
定　　价：45.80 元

前言

野生动物是人类抵御病毒的生态长城

生态安全与疾病的传播、人类的健康密切相关。2020年2月14日，习近平总书记主持召开中央全面深化改革委员会第十二次会议时强调，把生物安全纳入国家安全体系，系统规划国家生物安全风险防控和治理体系建设，全面提高国家生物安全治理能力。当前中国面临着严峻的生物安全形势，需要密切关注生物多样性丧失带来的生态安全问题。

目前人类很多疾病的病原体都来自野生动物，如SARS病毒、MERS病毒、新型冠状病毒、艾滋病病毒等。目前，科学家已在近200种蝙蝠身上发现超过4100种病毒，其中冠状病毒超过500种。蝙蝠不仅是冠状病毒的主要宿主，也是许多其他病毒（包括埃博拉病毒、马尔堡病毒、狂犬病毒、亨德拉病毒、尼帕病毒等）的自然宿主。由于蝙蝠具有特殊的免疫系统，即使携带病毒也极少出现病症。又如旱獭体内含有的鼠疫杆菌，是鼠疫的罪魁祸首。而作为SARS病毒中间宿主的果子狸，身上携带的细菌和病毒种类也是繁多复杂的。

就病毒传播路径而言，从动物体内的病毒到传染人类的瘟疫，并不遥远。随着人类活动范围的日益扩大，病毒入侵人类社会的途径越来越多，威胁也越来越大。与此同时，当前人类活动和气候变暖使得地球上物种多样性降低，导致生态系统失衡，进而引发疾病增加。

其实，鲜有人知晓野生动物和人类健康存在什么关系。野生动物、植物和微生物一起组成物种多样性，物种多样性关系到人类的生存和健康。生态学中有个稀释效应：个体生活所在的群体越大，群体中每一个个体被猎杀的机会就越小。将其延伸到生态系统中，即维持物种多样性，可以降低人类感染疾病的风险。物种多样性程度越高，人类、野生动物或驯化动物感染疾病的风险就越低；物种多样性越丰富，生态系统就越稳定。生态系统的稳定和安全关系到人类自身的健康，这就是生态系统服务功能。

人类本是自然之子，是众多共享陆生环境物种的一个代表。随着人类数量的增加，人类活动的程度和范围也在逐步增强与扩展，人类已经在整个陆地生物群系甚至整个海洋生物群系中占据统治地位。但是，许许多多的其他物种也因人类剥夺了它们的自然生境而濒危甚至灭绝，相关研究显示，今天的物种灭绝速度是人类还没有主宰地球以前的100~1000倍。

1980年，我国发行了一套白鳍豚的邮票，白鳍豚当时处在长江水域食物链的顶层，但是仅到2006年，白鳍豚就被宣布灭绝了。也许有人会说，没有了白鳍豚也没有影响到我们什么呀。

可能有些人会觉得，地球上有数千万个物种，灭绝一两个无伤大雅。其实，这是大错特错的。比如，白鳍豚处于长江水生生物食物链的顶端，它可以食用几十种鱼类，如草鱼、青鱼、鳙鱼、鲢鱼、鲤鱼、三角鲂、赤眼鳟、鲇鱼和黄颡鱼等，而这些鱼类又以浮游生物和底栖生物为食。每种生物都生活在一定的生态系统中，并且与其他生物种类相联系。一种生物的灭绝，会直接或间接导致10～30种其他生物的灭绝，10～30种生物的灭绝又会导致上百种、上千种甚至是上万种其他生物的灭绝。某些生物数量的减少或绝灭，必然会影响其所在的生态系统。换言之，若各种生态系统受到严重的破坏，地球生物圈就会受到严重的破坏。失去生存的家园，人类还能如何生存下去呢？

中国脊椎动物在世界脊椎动物中占有重要地位。然而，当前中国脊椎动物灭绝风险高于世界平均水平，各类群中均发生了物种灭绝与区域性灭绝事件。目前，共有17种脊椎动物处在已经灭绝（EX）、野外灭绝（EW）或区域性灭绝（RE）状态，其中包括6种哺乳类、3种鸟类、2种爬行类、2种两栖类和4种内陆鱼类。

这些物种的相继灭绝会引发连锁效应，它们正在把地球赐予人类的安全网一点点撕烂。更为可怕的是，地球的安全网是无法失而复得的，一旦毁掉了就无法弥补。

　　习近平总书记指出，中国高度重视野生动物保护事业，加强野生动物栖息地保护和拯救繁育工作，严厉打击野生动物及象牙等动物产品非法贸易，取得显著成效。时至今日，我们需要重新认识、反思人与野生动物之间的关系。野生动物是病毒的天然携带者，是储存病毒的潘多拉魔盒。如果人类不去密切接触、食用这些野生动物，那么这个病毒的潘多拉魔盒就永远不会打开。野生动物可以充当人类抵御病毒的生态长城，是生物安全的重要保障，请大家不要自毁长城。

赵序茅

2021年3月

致读者朋友的一封信

亲爱的读者朋友们：

　　野生动物是我们的好朋友，我们无法想象一个没有虫鸣、没有鸟叫、没有虎啸的世界。如果哪一天，我们人类成了孤家寡人，那将是人类最大的灾难。

　　我们生活的这个星球，是一个极其复杂的生态系统，层层相连，环环相扣。每一个物种后面都有一个以其为中心的小型生态系统，如果其中一个物种毁灭，也就预示着以它为基础的小型生态系统坍塌。如果越来越多的物种灭绝，那么也预示着越来越多的小型生态系统坍塌，最后直至整个地球生态系统坍塌。到那时，我们将失去赖以生存的空气、水源和食物。

　　今天，我们人类已经拥有越来越多的物质财富，并凭着科技的加持，站在了地球物种金字塔的顶上，拥有了对其他物种生杀予夺的大权。伴随着部分人类私欲越发膨胀，贪婪之心绵延至星球各个角落，所到之处，其他物种风声鹤唳，哀号连篇。看看他们近几年来的"丰功伟绩"吧！

　　——世界自然基金会发布的《2020地球生命力报告》显示，过去半个世纪以来，世界物种种群平均下降68%。

——过去40年，中国的陆生脊椎动物（包括哺乳动物、两栖动物、鸟类和爬行动物）的数量下降了约50%。

这种情况如果不加干预，继续下去，用不了多久，野生动物就将从我们的世界彻底消失。所以，保护野生动物，刻不容缓！你、我、他（她），无论什么职业，无论什么年纪，只要愿意，都可以即刻加入，从身边做起，从点滴做起。

《野生动物朋友的来信》是一部野生动物的内心自白书，它赋予野生动物人格化，以写信这种传统的通信方式，面向人类讲述自身的生活习性、种群分布、生存现状。内容看似平铺直叙，却直指当今野生动物的保护现状，其最终目的就是要唤起我们对野生动物的保护意识。

对于地球漫长的存在历史而言，人类和野生动物都不过是寄居的客人。在生态地位上，我们和野生动物身份、地位是平等的，无所谓高低贵贱，都在执行着地球赋予我们的生态职责。那么，当我们在为了自己族群的自由、平等诸权利争相奔走的时候，也希望能以平等的意识去看待生活在我们周围的野生动物，因为只有平等相待，才能形成尊严，才会孵化出最自然的爱。

亲爱的读者朋友们，当你们读完这本小书后，你们一定会对野生动物的生存现状产生新的见解，也一定会以平等的方式去对待它们。而对于野生动物保护，你们应该会有很多想要说的话，希望你们能动动手，把自己想对野生动物说的话或者身边发生的保护野生动物的故事，写信邮寄给我们，我们将会精选部分信件通过我们出版社的微信公众号进行展示。如果来信数量足够多、质量足够好，我们会考虑从中挑选优秀的篇章，结集成一本小书出版。

　　亲爱的读者朋友们，欢迎给我们来信。保护野生动物，人人有责！

《野生动物朋友的来信》编辑部

2021年5月

　　（来信请寄：广西壮族自治区南宁市青秀区东葛路66号广西科学技术出版社《野生动物朋友的来信》编辑部，530023）

目录

第一部分 辩白信

不少人认为人类的很多疾病来源于野生动物身上所携带的各种病毒，甚至有法学专家建议对一些携带病毒的非保护动物进行"生态灭杀"。作为同一个星球上生物大家族里的成员，对某些人类朋友的过激言论，我们感到十分委屈与不解。众所周知，自从人类诞生以来，我们的先祖与你们的先祖一直都是井水不犯河水，基本上相安无事。面对我们族群"污名化"的舆论形势，野生动物委员会经过投票决议，决定派选出一些族群的代表，通过书信的形式，向人类朋友陈述事情的原委，洗刷我们的冤情，并期待人类朋友能够正确认识野生动物的生态价值，大家和谐共处。

★野生动物身份证★

中文学名：蝙蝠

拉丁学名：*Chiroptera*

体型：翼展16～170厘米；体重19～1300克

特长：倒立入睡，超声定位

食性：以昆虫、小节肢动物、果实、花蜜等为食

活动区域：除南极、北极及某些大洋岛屿外

保护级别：极危（CR）26种，濒危（EN）32种，易危（VN）173种
（IUCN标准）

蝙蝠：我们不是传播病毒的罪魁祸首

人类朋友：

　　你们好！

　　我们是蝙蝠，就是那个你们人类童话故事里的"邪恶代言人"——吸血鬼的原型。人类有很多疾病的源头确实是我们身上所携带的各种病毒，对此，作为蝙蝠中的一员，我既感到非常痛心，也感到非常委屈。现在网络上有很多人不分青红皂白地把矛头指向我们蝙蝠家族，认为我们是一切疾病的根源，扬言要把我们家族杀光灭光。对于你们的这种"甩锅"行为，作为蝙蝠族群的代表，我必须替我们的族群说几句公道话，陈述事情的原委，还我的家人一个清白。

　　我们蝙蝠是一个大家族的统称，在全球有1400多种，物种多样性程度极高，是世界上分布最广、数量最多、进化最为成功的哺乳动物类群之一。在哺乳动物中，我们是仅次于啮齿动物的第二大类群，种类占哺乳动物物种数的20%，可以说我的兄弟姐妹遍布天下。实事求是地讲，我们家族确实是自然界很多病毒的原始宿主，俗称"移动的病毒库"。你们的科学家已在近200种蝙蝠身上发现超过4100种病毒，其中冠状病毒就超过500种。我们不仅是冠状病毒的主要宿主，同时也是许多其他病毒（如埃博拉病毒、马尔堡病毒、狂犬病毒、亨德拉病毒、尼帕病毒等）的自然宿主。由于我们自身具有特殊的免疫系统，尽管携带病毒，但极少出现病症。在漫长的进化历程中，我们蝙蝠也就成了上百种病毒的自然宿主。

得知我们是自然界中最大的病毒库之一，很多人就很好奇：为啥病毒在蝙蝠身上没事，到了人类身上却酿成重大疾病或瘟疫？

奥妙就在于我们家族独特的生理特性和免疫系统，它们可以对大多数病毒表现出较强的耐受力。我们可以抑制体内多种触发免疫反应的信号分子，因此不容易生病。相对于你们人类强烈的免疫反应，我们始终保持着恒定的低水平免疫反应，可以避免免疫系统因对抗病毒而发生"自杀反应"。我们身上的天然免疫系统的组分与其他哺乳动物相同，包含干扰素、干扰素激活基因及自然杀伤细胞等。虽然组分相同，但是面对致命病毒时的表现却不同：一是我们免疫系统中的一些组分相对其他哺乳动物更为活跃，我们的免疫系统始终处于警惕状态，从而在病毒进入体内到感知并做出反应的间隙也可以有效地抑制病毒复制；二是我们体内许多与过度免疫和炎症反应相关的分子在表达及功能上都受到了抑制，阻止了组织器官在抗病毒期间受到损伤。因此，我们能通过活跃的天然免疫和抑制炎症反应，达到与病毒共存的状态。

在人类眼中，我们蝙蝠仿佛是一个装满了各种病毒的潘多拉魔盒。有些人认为，既然如此，那么消灭蝙蝠不就好了吗？其实，你们人类这种毕其功于一役的想法是很不明智的。

飞行中的蝙蝠

第一，我们蝙蝠体内虽然携带大量冠状病毒，但是无法直接传染给人类。一般是人类食用我们或被我们感染的其他动物后，病毒发生了变异，才得以在人群中传播，因此我们蝙蝠不是传染病毒的罪魁祸首。不信的话，和你们分享一件人类最近干的蠢事：非洲国家乌干达因为马尔堡病毒疫情消灭了一个金矿中的10万只蝙蝠。可没想到的是，几年后，蝙蝠又回来了，新来的蝙蝠携带马尔堡病毒的比例增加了一倍以上。紧接着，该金矿所在地区暴发了乌干达历史上最大规模的马尔堡出血热。事实证明，消灭我们族群这种简单粗暴的做法，不但没用，反而可能导致更严重的病毒疫情。

第二，人类避免感染我们身上病毒的最好办法，就是远离我们蝙蝠等野生动物。事实上，人畜共患病传播的最主要原因是人类持续不断地干扰我们的生存环境。19世纪以来，你们仗着工业革命带来的技术优势，大肆砍伐森林，围湖造地，侵占我们的领地。面对不断缩小的栖息地，我们被迫离开原来的生态位。在原有的觅食和行为模式被打乱后，我们只能入侵人类居住地附近，这样就直接或间接地将病毒传播给你们或你们饲养的家畜。如果我们把取食的地方选在人类居住的地方，无形中就增加了病毒跨种传播的机会。若是当地民众将我们当作野味来食用，那么传染病毒的机会就会大大增加。因此，只要你们人类不干扰我们，不破坏我们的家园，不食用我们的同伴，我们携带的病毒是很难传染给你们的。

第三，我们蝙蝠家族在生态系统中发挥着至关重要的作用。我们在

休息中的蝙蝠

害虫控制、种子传播、植物授粉及森林演替等方面发挥着举足轻重的作用。尽管我们是一个大家族，家族成员饮食习惯也是五花八门，有食虫的、食果的，有食蜜的、食肉的，甚至还有食血的，等等，但我们家族中超过2/3的成员专性或兼性地以昆虫为食。在生态系统中，我们是夜行性昆虫的主要控制者，每晚可以捕食大量的昆虫。比如，我们家族中的普通长翼蝠能捕食200多种节肢动物，其中包括44种农业害虫，这些害虫会为害欧洲大陆的许多作物。且普通长翼蝠会根据当地农田中可利用食物资源调整食性，重塑其食性生态位。由此可见，长期以来，我们家族对农业害虫的抑制作用被严重低估。据你们人类科学家估计，圈养的蝙蝠每天消耗的昆虫量约占其体重的25%，但在野外条件下和哺乳期等高能耗时期，这个数字可高达70%，有时甚至能超过100%。我们经常出没于农田，通常在农田里伺机捕食许多潜在的农业害虫。仅在北美地区，通过我们捕食农业害虫，每年就可减少因作物损害和使用杀虫剂的损失约229亿美元。在泰国，我们每年在稻田中通过捕食害虫，可防止稻米损失近2900吨，产生的经济价值超过120万美元。这也意味着，在泰国，我们每年能够为近3万人提供口粮。

很多情况下，许多农业害虫的幼虫会对农作物造成损害，而我们能够对害虫的成虫进行捕食，从而阻止成虫产卵，进而减少幼虫的发育。因此，我们对害虫的捕食可能会对农业生态系统产生级联效应。此外，我们还可以通过授粉和传播多种植物种子，提供关键的生态系统服务价值。自然界中，多种植物不同程度地依赖我们进行繁殖，其中包括不少经济作物，如香蕉、芒果和番石榴等。

你们不仅不能猎杀我们，相反还应该加强保护我们。如今，我们面临着多重威胁，生存状况不容乐观。近年来，越来越多的人为活动导致我们的种群和数量前所未有的下降或灭绝，如森林和其他陆地生态系统的耗竭或被破坏，人类对洞穴的干扰，我们栖息地的丧失，我们的同胞被猎杀，部分同胞患上白鼻综合征，等等。目前，我们在中国的种群数量与2000年相比下降超过了50%，而洞穴旅游开发、农药滥用和滥捕滥杀是导致这种状况最主要的原因。由于我们具有繁殖率低等特点，因此我们的种群一旦受到破坏，恢复速度将极为缓慢。我们在中国的保护现状令人担忧。到目前为止，我们家族中尚无一员被列入《中国国家重点保护野生动物名录》。

你们人类中的蝙蝠研究专家、武汉大学的赵华斌教授，广东省生物资源应用研究所的张礼标研究员曾呼吁：保护蝙蝠的种群数量和栖息地免遭破坏，不仅是维持生物多样性和生态系统功能的重要途径，而且是生态系统完整、国民经济发展和人类福祉的重要保障。

因此，亲爱的人类朋友，请停止你们的杀戮行为吧！

中文学名： 花面狸（果子狸）

拉丁学名： *Paguma larvata*

体型： 头体长40～69厘米，尾长35～60厘米，后足长6.5～12厘米，耳长4～6厘米，颅全长10～13厘米；体重3～7千克

特长： 极善攀缘，攀爬好手

食性： 杂食

活动区域： 中国、孟加拉国、不丹、柬埔寨、印度、印度尼西亚、老挝、马来西亚、缅甸、尼泊尔、巴基斯坦、泰国、越南、日本

保护级别： 无危（LC）（IUCN标准）

果子狸：

我们是 SARS 病毒中间宿主，但不是凶手

人类朋友：

你们好！

我们又见面了。我们本来生活在深山老林中，与你们见面的机会不多。我与你们见面的方式只有两种，一种是在餐桌上，另一种是在新闻上。当年的SARS疫情，让我们作为嫌疑对象，成为各大媒体报道的头条。现在，不管人类发生什么新型疾病，你们都要把我们当成重要的嫌疑对象。难道，你们忘记2002年那场严重疫情带来的惨痛教训了吗？你们人类号称是历史文化最悠久的生物，在我们看来，你们就是最健忘的生物。好吧，我们现在帮你们回忆回忆那场惨痛的教训。

2002年12月，广东省佛山市出现全球首例SARS患者，随后在国内外蔓延，给人类的健康带来严重的威胁。SARS的常见症状有发烧、咳嗽、呼吸困难，偶尔有水样便。20%～30%的感染患者需要使用呼吸机来辅助呼吸，患者死亡率大约为10%，在老年患者和患有其他疾病并发症的患者中死亡率更高。根据世界卫生组织的统计，到2003年7月，全球共有20多个国家和地区的8000多人患SARS，近800人死亡。所谓SARS，全称为严重急性呼吸综合征（Severe Acute Respiratory Syndrome），其病原体为冠状病毒 β 型-ncov，也称为"SARS-

CoV"。SARS病毒原理为SARS病毒S糖蛋白与人体细胞受体ACE2结合，这个ACE2主要分布在下呼吸道，而不是在上呼吸道。呼吸道对病毒具有过滤作用，细胞受体如果分布在上呼吸道则传染性强而致死率低，分布在下呼吸道则结果相反。这样的受体分布可能导致上呼吸道症状的临床表现不明显，往往出现在患者住院后的疾病发展后期。

早期病例曾在动物市场有与动物的接触史，因此当时社会各界强烈怀疑SARS病毒是人畜共同传播性病毒。SARS病毒出现后，科学家把矛头指向蝙蝠。

中国科学院动物研究所张树义研究员、中国科学院武汉病毒研究所石正丽研究员等人在菊头蝠等蝙蝠体内检测出类似SARS病毒的冠状病毒。不过，这些病毒与人类SARS病毒的同源性只有92%~96%，这说明从蝙蝠家族分离到的冠状病毒处于进化早期，而人类SARS病毒处于进化晚期。这意味着蝙蝠体内的冠状病毒无法直接传给人类，可能存在中间宿主。

所谓中间宿主，即类似于中间人或翻译官的角色，如蝙蝠体内的冠状病毒无法感染人类，因为它的"钥匙"打不开人类细胞的受体。可是，蝙蝠体内冠状病毒在感染其他野生动物的时候，病毒发生了变异，变异后的病毒就可能感染人类。此后，科学家开始寻找SARS病毒的中间宿主。

2003年5月，香港大学微生物系教授管轶与深圳市疾病预防控制中心研究人员从深圳野生动物市场出售的果子狸尸体中分离出冠状病毒，

果子狸

其基因序列与人类SARS病毒具有99.8%的同源性。与此同时，由中国农业科学院哈尔滨兽医研究所、解放军军需大学等机构专家组成的农业部动物冠状病毒疫源调查组也表示，从果子狸体内检测到与SARS病毒基因序列几乎一致的冠状病毒，这意味着我们很可能是人类SARS病毒的中间宿主。此外，研究人员在浣熊、貂、獾等野生动物体内也检测出与人类SARS病毒高度同源的冠状病毒。不过，要证明我们就是中间宿主，还需要人与动物的接触史。

2003年12月至2004年1月，广州又有4人相继感染SARS，其中2人分别是同一家餐馆的女服务员和顾客，而该餐馆出售我们的同胞给客人食用。从我们同胞体内分离到的SARS病毒，与从患者身上分离到的SARS病毒高度同源，这是我们果子狸作为中间宿主的直接证据。

但在学术界，并不是所有人都认同是我们传播SARS病毒的观点。美国俄亥俄州立大学生物医学信息学中心助理教授丹尼·詹尼斯（Daniel Janies）认为，果子狸并没有传播SARS病毒，是人类将SARS病毒传播给了果子狸。人类将病毒传给动物的现象确实存在：中国科学院北京基因组研究所研究人员在天津一个村子发现有猪感染SARS病毒，而将病毒传给猪的很可能是人，因为猪吃了来自餐馆的泔水。

我们承认，我们果子狸作为SARS病毒的中间宿主给人类带来了灾难。可是，我们自己也是受害者，我们虽然携带病毒，但是在自然界生活得好好的。是你们人类，大量捕杀我们的同胞，结果染上了病毒，到头来还要怪我们，我们就是跳进黄河也洗不清呀！

夜行中的果子狸

中文学名：单峰驼

拉丁学名：*Camelus dromedarius*

体型：头躯干长2.25~3.45米，尾长35~55厘米，肩高1.8~2.3米；体重300~690千克

特长：忍饥耐渴，人称"沙漠之舟"

食性：食草为生

活动区域：阿尔及利亚、突尼斯、利比亚、埃及、摩洛哥和伊朗

保护级别：基本是人工养殖品种，没有列入野生动物保护计划

单峰驼：我们是中东呼吸综合征的受害者

人类朋友：

你们好！

我们是单峰驼，是双峰驼的兄弟。骆驼是偶蹄目骆驼科骆驼属两种大型反刍哺乳动物的统称，分为单峰驼和双峰驼。我们单峰驼主要分布在北非和西亚，而双峰驼主要分布在中亚和中国西北地区。我们与你们人类的关系非常密切，打交道已有几千年历史了。我们是一种孤独的动物，全世界就只有一种。尽管在长相上我们不像自己的同宗兄弟双峰驼那么富有特色，但是我们的身材其实要更优美一些，更符合人类的审美标准。在体重差不多的情况下，我们要比双峰驼高出不少。成年的双峰驼身高普遍在1.8米左右，而我们却比它们略高一些。相比双峰驼，我们的四肢更细更长，整体看起来要苗条很多。

我们单峰驼比较高大，在沙漠中能走能跑，能运货，也能驮人。而双峰驼四肢粗短，更适合在砂砾和雪地上行走。

遇上人类之前，我们的生活一直很快乐。我们的祖先早在5300万—3650万年前的始新世就已经在地球上生活了，那时候别说是人类，就连能直立行走的猿猴都没出现。自从遇到人类之后，我们的家族便开始走向没落。早在公元前3000年甚至更早，我们的祖先在阿拉伯半岛地

觅食中的单峰驼

区就开始被人类驯化。人类在公元前1400年至公元前1300年的沉积土中发现了类似我们祖先的遗骸。遗骸的数量在公元前675年骤增，而此时正值亚述入侵埃及。此外，亚述人的铭文记载，早在公元前9世纪，我们单峰驼和双峰驼就已有军事用途。

从此，我们无拘无束的生活就告一段落了。人类驯化我们用来搬运货物，或把我们当作坐骑。我们从此成为人类眼中的牲口，再也无法回归野外，真是"路漫漫其修远兮，奴役之路望不见头兮"。我们已经被奴役了几千年，无力抗拒的我们偶尔也会带给人类一些"惊喜"。2012年的一天，这个"惊喜"来了。

事情的经过是这样的。人类将我们驯化成家畜后还不满足，还在拼命挤占其他野生动物的地盘，造成无数野生动物流离失所，这其中就包括蝙蝠家族。我们本是没有机会接触蝙蝠的，是人类破坏了蝙蝠的家园，蝙蝠只好到人类身边生活。与蝙蝠有了接触之后，它们将体内的冠状病毒传播给我们，而这种病毒在我们的体内又发生了变异，从而传播给人类，导致人类患上轰动一时的中东呼吸综合征。

2012年，科学家在一名因呼吸衰竭而死亡的沙特阿拉伯男性的痰液中发现了冠状病毒，后来该疾病和病毒被分别命名为中东呼吸综合征（Middle East respiratory syndrome，MERS）和MERS-CoV。与SARS-CoV一样，MERS-CoV也是 β 型冠状病毒。和SARS相比，MERS传染力弱，但是致死率高。SARS的致死率为10％，而MERS的致死率为36％。根据世界卫生组织数据，截至2019年11月底，MERS-

行走中的单峰驼

CoV总共感染了2494例患者，导致858人死亡。MERS-CoV感染性相对隐蔽缓慢，多为人畜共患的疾病传播方式，在人类中的传播链有限，其中大部分病例在沙特阿拉伯。MERS与SARS具有许多共同的临床特征，但是MERS患者具有明显的胃肠道症状，并常常出现急性肾功能衰竭。其原因在于MERS-CoV和SARS-CoV与人体细胞受体结合不同，SARS-CoV与ACE2结合，而MERS-CoV与DPP4（二肽基肽酶4）结合。它们之间的差异表现在受体上，DPP4存在于下呼吸道、胃肠道和肾脏中。

尽管MERS并没有像SARS那样引起国际性恐慌，但是这种高致病性人畜共患的冠状病毒的出现，表明了冠状病毒家族对人类的巨大威胁。2017年，世界卫生组织将SARS-CoV和MERS-CoV共同列入优先对待的病原体名单，以激发深入研究和开发针对冠状病毒感染的反制措施。

我们不是有意惩罚人类，我们其实也是受害者，只能说"常在河边走，哪有不湿鞋"。与其如此，不如还我们一片自由的天地吧！

中文学名：蛇

拉丁学名：*Serpentiformes*

体型：带状，短者20多厘米，长者可达十几米

特长：变温动物，以"S"形的方式向前推进

食性：食肉为生

活动区域：除南极、北极外，其他地区均有分布

保护级别：种类较多，视具体种群而定

蛇：我们不是中间宿主

人类朋友：

　　你们好！

　　我们是蛇，你们对我们并不陌生。我们蛇有一个庞大的家族，除南极和北极，地球上到处都有我们的兄弟姐妹的身影。虽然我们遇到危险时，老喜欢吐信子，其实这和你们人类遇见危险时发出的警告是一样的，我们没有你们想象的那么可怕，但是你们也不可以欺负我们，否则后果也很严重。我们蛇类都是极具个性的动物，用"静如处子，动如脱兔"来形容我们最适合不过了。

　　目前，在我们眼中你们人类是一群奇怪的动物，既对我们怕得要死，却又千方百计利用我们。你们要不抓我们的同胞，吃我们的肉；要不就用我们的尸体拿去泡酒，把我们的皮制成奢侈品。对于你们这些贪婪的行为以及你们的种种恶行，我们感到十分愤怒。而让我们更愤怒的是，你们人类感染上各种疾病的时候，作为蛇类，我们原本是可以置身事外的，可你们把可怜的野生动物一个个纳入病毒来源的嫌疑群体中时，连我们也不幸成了你们的怀疑对象。是可忍，孰不可忍。今天我要利用给你们写信的机会，好好说说这到底是怎么一回事，好让大家给我们评评理，还我们一个清白。

蛇

事情是这样的。有学者认为蛇是病毒的中间宿主。打个比方吧，按照你们的逻辑，很多病毒的原始宿主是蝙蝠，但这些病毒很可能不是直接从蝙蝠传给人类的，而是蝙蝠先把病毒传给一种动物，然后这种动物再把病毒传给人类，这个在病毒传播链中起到关键作用的动物就是中间宿主。比如，SARS-CoV的中间宿主是果子狸，而MERS-CoV的中间宿主是单峰驼。现在，你们就把中间宿主的罪名又加在了我们蛇类头上。

　　乍一看，还分析得头头是道。据说，你们发现新型冠状病毒有一段基因组发生了同源重组，而同源重组的对象却在目前的基因库里找不到。这段同源重组的区域就在刺突糖蛋白基因内部。因为刺突糖蛋白是识别宿主细胞受体的关键分子，你们推测这个未知来源的同源重组可能会对病毒的传播有影响。

　　从理论上来说，病毒为了更好地在宿主细胞内生存，它最好和宿主有着同样的同义密码子使用偏向。因此，对病毒和可能的宿主进行同义密码子使用偏向分析，可以为寻找病毒可能的宿主提供依据。于是，人类分析了普通冠状病毒、新型冠状病毒和菜市场可能见到的一些动物（包括蛇、鸡、穿山甲、蝙蝠、旱獭等）以及人的同义密码子使用偏向，结果发现，与普通冠状病毒、新型冠状病毒在同义密码子使用偏向上最为接近的动物是蛇，于是有些人认为蛇最有可能是病毒的中间宿主。

　　都说你们人类是地球上最聪明的生物，但在我看来你们这次的结论太草率了。这种分析是经不起推敲的，且听我来分析。

蛇（邢睿　摄）

第一，我们蛇是爬行动物，你们人类是哺乳动物，从进化关系来说蝙蝠和你们的关系更近，我们和你们的关系更远。中间宿主类似一个中转站，比如从北京发货到广州，可以途经武汉，但是从北京发货到上海，还必须经过武汉吗？这个病毒从蝙蝠身上跑到我们体内，再从我们体内转移到人类身上，这没必要。

第二，病毒为了更好地在中间宿主细胞内生存，它们用和宿主同样的同义密码子使用偏向会好一些。但这对病毒来说并不是必需的，这个同义密码子使用偏向分析并不适合用来研究冠状病毒的中间宿主。

你们要是认为我们蛇就是这个病毒的中间宿主，一是必须证明蛇身上有这种病毒；二是必须证明这种病毒能够在蛇体内生长繁殖；三是必须证明从蛇身上提取出来的病毒有致病性，比如用猴子做测试。

唉，人类啊，让我们说什么好呢，你们连甩锅都甩不好！

在没有确凿的证据时，请不要妄下结论。否则，你们的这种行为不知道又要给我们的族群带来多大的危害。

中文学名： 中华穿山甲
拉丁学名： *Manis pentadactyla*
体型： 头体长42～92厘米，尾长28～35厘米；体重2～7千克
特长： 能爬树，善掘洞
食性： 以白蚁、蚁、蜜蜂或其他昆虫为食
活动区域： 中国、不丹、印度、老挝、缅甸、尼泊尔、泰国和越南
保护级别： 极危（CR）（IUCN标准）

中华穿山甲："中间宿主论"何时休

人类朋友：

你们好！

我们是中华穿山甲，很多人对我们既熟悉又陌生，陌生，是因为很少有人在野外见过我们的真身，对我们熟悉，是因为在药店里你们可以见到我们的鳞甲。我们穿山甲是一个古老的类群，在地球上存在的时间远远超过你们人类，我们在地球上至少生存了4000万年。目前，全球我们的家族有8个分支，足迹遍布东亚、东南亚、南亚和撒哈拉沙漠以南非洲地区。在中国，我们主要分布于南方的热带、亚热带地区。

很多人说我们穿山甲家族是病毒的中间宿主，其实这种认知是不科学的，且听我们把其中原委——道来。先说这个中间宿主，它承担着把原始宿主身上的病毒向人类身体转移的作用，因此其地位格外重要，只有找到病毒的中间宿主才是杜绝和预防病毒再次来袭的关键。中间宿主找不到，始终存在安全隐患，无法预料下次疫情什么时候暴发。

这是一个很好的科学问题，要确定中间宿主其实并不困难，需要同时满足以下几个条件，缺一不可。

第一，要确定目标动物身上携带这种病毒，且这种病毒可以繁殖，具有致病性。如果要确定目标动物是这种病毒的中间宿主，就得在目标

动物身上找到这种病毒，才能证明在目标动物身上可以繁殖、传染该病毒。

第二，中间宿主身上的病毒要比原始宿主身上的病毒与人类感染者身上的病毒更加接近。这很好理解，比如我英语不好需要找个翻译，肯定得找个英语水平比我高的。华南农业大学研究人员从穿山甲身上分离的病毒株和目前感染人的病毒株序列相似度高达99%，这个相似度高于蝙蝠。因此，穿山甲具备成为中间宿主的可能性，当然只是可能性，因为中间宿主可能并不唯一。

第三，这种病毒在动物身上普遍感染。如果100只动物中只有1～2只感染，也很难传播给人类。华南农业大学研究人员通过分子生物学检测发现，穿山甲身上冠状病毒的阳性率为70%，这就具备普遍性。因此，可能性进一步增加。

第四，人和动物的接触历史，这是关键的一步，要证明是人类接触这种动物后发生了感染。不可否认，在中国有极少数人有吃穿山甲的陋习，但是你得证明吃的人感染了穿山甲身上携带的病毒。哪怕穿山甲身上携带的病毒和感染人的病毒高度接近，但如果没有和动物的接触史，穿山甲是病毒中间宿主的说法就很难实锤。

还有，我们要申明的是，我们穿山甲没有给人类带来麻烦，人类却给我们的家族带来灭顶之灾。

早在2000年前，中国先人就对我们有了认知，屈原在《天问》中提到："延年不死，寿何所止？鲮鱼何所？鬿堆焉处？"这里的鲮鱼，

中华穿山甲（刘克锦　绘）

说的就是我们。古人认为我们身上布满鳞片如鲤鱼一般，因此称为"鲮鱼"。现实中我们是唯一身披鳞片的哺乳动物。现在很多人对我们的鳞片熟悉，却对我们的习性不熟悉。这个我要事先说明一下：我们穿山甲善于打洞，用前肢挖土、后肢推泥，遇到吵扰，即迅速遁土而去，故称"穿山甲"。我们平时栖居于丘陵、山地中的树林、灌木丛、草莽中，但极少栖居在石山秃岭地带。洞穴多筑在山体的一面，居住地随季节和食物而变化。我们白天多蜷缩于洞内酣睡，无洞不能度日；入夜则外出觅食，一个夜晚常在数个山体中活动，距离可在五六千米之遥。

我们的主要食物是白蚁，每当洞内巢蚁被吃光，我们便将拉在洞内的粪便用泥覆盖，以招引白蚁，然后再来挖食。我们还会游泳，能汩渡大河，游速超过蛇类。我们也能攀爬斜树，往往循蚁迹上树，以尾绕附树枝，饱食之后有时就在树枝上睡觉。遇敌或受惊时蜷作一团，头被严实地裹在腹前方，并常伸出一前肢作御敌状。若在密丛等躲避处遇到人，则往往迅速逃走。之前，人类误以为我们在自然界中的生态价值主要体现在对森林害虫白蚁的防治上。过去人们认为白蚁为害多种林木、水利堤坝、房屋建筑，而我们主要食用白蚁，是白蚁的天敌，自然可以保护森林、水利堤坝、房屋建筑。其实，这种看法是非常片面的。自然界中不存在害虫和益兽，所有的害与益都是你们人类根据自身的利益而做出的评判。符合人类利益的为益兽，不符合人类利益的则为害虫，这一标准放到整个自然界中是不合适的。就拿白蚁来说，对于人类是害虫，可是对于自然界却不可或缺。白蚁是我们的食物，我们要为它说几句公道话：在森林中，白蚁最大的作用是分解死亡的树木，加速物质和能量循环。由于白蚁也会攻击活着的树木，人类便据此认定白蚁是害虫。其实，白蚁所攻击的树木多为老弱病残，健康的树木会分解足够的防御性化合物，令白蚁望而生畏。白蚁是名副其实的森林清洁工。

再往后就是我们家族的灾难史了。自古以来，人类熟知穿山甲的药用价值，《本草纲目》中就有记载，穿山甲"鳞可治恶疮、疯疟，通经、利乳"。现代医学认为我们的鳞片有通经络、下乳汁、溃痛疮、消肿痛之功，是名贵的中药材原料。过去中国南方许多地方的市场，常有我们的同胞出售，特别在夏、秋季。虽然现在已有法律禁止这种买卖行为，但是我们种群的生存环境仍不容乐观。

此外，我们主要栖息在亚高山及丘陵地带的阔叶林、针阔混交林及灌木丛的生境内，对生境选择极为严格。一旦栖息地遭受破坏，就会在较短的时间内导致我们的种群数量迅速下降。栖息地遭受破坏的主要原因有毁林开荒、修建交通道路、矿产开发、森林资源开发、对采伐迹地不科学的造林恢复，以及人口快速增长造成的人类活动范围扩大和环境污染等。

除人类破坏外，我们的家族还面临外敌入侵的风险。在中国东南沿海省份以及云南等地，特别是在广东，每年要查扣至少上千只穿山甲然后放生到当地的保护区，涉及的种类主要是我们中华穿山甲和印度穿山甲，其中印度穿山甲占1/3。我们中华穿山甲和印度穿山甲生态位相似（主要表现在食性、活动习性、生境选择上），是一对竞争物种，一旦印度穿山甲适应当地环境并壮大后，就会产生较大的竞争排斥力，这对处于濒危状态、生存竞争力较弱的我们来说又多了一种致危因素，从而进一步加重了中华穿山甲资源的濒危。

还有就是我们自身的一些因素。我们繁殖能力较低，一般一胎一仔，每年一胎，因而种群数量增长缓慢。我们是狭食性动物，进化程度低，对新的环境适应能力差，这也是人工难以驯养的主要原因之一。一旦大量捕杀导致种群数量下降后，我们就很难恢复，如果种群密度很低，就可能在某一地区绝迹。加上我们御敌能力弱，逃跑速度十分有限，且大部分时间是在洞中度过，猎人捕捉我们，犹如瓮中捉鳖，只需挖洞或烟熏即可，因此我们很难逃脱猎人或猎物的追捕。

人类的贪婪、破坏，正在不断压缩我们的生存空间，把我们逼入绝境。究其源头，没有市场就没有贸易，没有贸易自然就不会有杀戮。我们祈求人类，"刀下留甲"！千百年来，我们家族已经为人类默默地贡献了一切，一直标榜知恩图报的人类，难道就不该为我们做点什么吗？药用价值不是选择杀戮的借口，况且，我们的药效并没有得到现代科学实验的验证，现代医学技术飞速发展的今天早就出现了更好的替代药物，人类的利用不能超出我们承载的极限。在人类文明高度发达的今天，请你们不要为了一己之私而致我们万千生灵于不顾！

觅食中的中华穿山甲

在人类面前，所有的野生动物都是弱小的。如今的人类俨然成为生态系统中的顶级掠食者，几乎没有人类不能猎杀的物种。可是，人类依然是自然界的一员，依然会受到生态系统的制衡。比如，我们中有些看似弱小的动物，体内含有大量的细菌和病毒，人类屠杀它们之后，病毒和细菌就会进入人体内，进而引发瘟疫。这便是自然界的制衡。如今，我们要给人类写警告信，告知人类其中的利害关系。

中文学名：旱獭（土拨鼠）
拉丁学名：*Marmota bobak*
体型：体长约50厘米；体重4~5千克
特长：挖掘能力甚强
食性：以莎草科、禾本科植物的叶、茎，豆科植物的花为食
活动区域：中国、哈萨克斯坦、俄罗斯和乌克兰
保护级别：无危（LC）（IUCN标准）

旱獭：人类忘记黑死病了吗

人类朋友：

　　你们好！

　　我们是旱獭，你们也称呼我们为"土拨鼠"。我们旱獭属有14个亚种，分布在世界各地的平原、山地草原和高山草甸。

　　在你们眼中，我们长得呆头呆脑的，还经常被你们用作表情包。殊不知，我们可爱的外表下隐藏着致命的细菌，并且这早已不是什么秘密了，100年前人类就知道我们体内携带致命的鼠疫杆菌。可是我不解的是，为啥你们人类明明知道我们体内携带致命的病毒，还在孜孜不倦地扒我们的皮，吃我们的肉？难道我们的肉就那么好吃吗？2019年11月12日，内蒙古自治区锡林郭勒盟苏尼特左旗有2人被诊断为肺鼠疫确诊病例。所幸，2名患者由内蒙古当地救护车转至北京市朝阳区医疗机构治疗，疫情没有传播开来。否则，一旦传播开来，后果真的会让人类无法承受。上一次大规模的鼠疫已经过去100年了，人类似乎也忘记了历史上惨痛的教训。既然如此，请让我们给你们回溯那段黑暗的历史吧。

　　鼠疫是由感染鼠疫耶尔森菌引起的烈性传染病，属国际检疫传染病，也是中国法定传染病中的甲类传染病，在39种法定传染病中居第一

位。有文字记载，人类历史上总共暴发过三次大规模鼠疫，导致上亿人死亡。

542年，人类历史上第一次大规模鼠疫在拜占庭帝国暴发。在这次鼠疫传播的高峰期，每天有5000～10000人染病死亡，总死亡人数在20万以上。随后，鼠疫从拜占庭帝国传播到西欧，又在地中海地区蔓延了200年之久。人们把这次起源于542年的鼠疫称为查士丁尼鼠疫，它的流行使欧洲南部20%的人口丧命。

第二次大规模鼠疫起源于中世纪。这次鼠疫最早由一名叫博卡齐奥的意大利人记录下来，最初的症状是腹股沟或腋下有肿块，然后皮肤会出现青黑色的斑块，并且渗出血液和脓汁，因此当时被称为"黑死病"。受感染的人会高烧不退且精神错乱，无数人在感染后的48小时内死亡。当时的欧洲教会愚昧地认为猫是幽灵和邪恶的化身，是罪魁祸首，下令大肆捕杀猫。这一举措导致猫濒临灭绝，而失去了天敌的老鼠则肆意繁殖，更加剧了疾病的传播。1348—1351年，鼠疫在欧洲迅速蔓延，3年后欧洲人口减少近25%，欧洲人口平均寿命从30岁缩短到20岁。直到16世纪末，欧洲每10年就发生一次鼠疫流行高峰。16—17世纪，鼠疫是威胁欧洲人生命的头号元凶，至少有2500万人因鼠疫死亡。

第三次大规模鼠疫发生在中国。1910—1911年，黑龙江省哈尔滨市傅家甸地区首先发生鼠疫，1910年12月中旬每天死亡一两人，后逐渐增加。此次鼠疫席卷东北三省，总共死亡6万人。在这里，我们有必要给你们人类详细阐述一下这次鼠疫的经过，一来让你们人类知晓鼠疫的厉

旱獭

害，二来也是表达一下对伍连德博士的感激，他当年不仅挽救了无数人类的生命，也拯救了我们无数啮齿动物的命运。

中国对此次鼠疫的治理堪称典范，仅用67天就将鼠疫扑灭。自1910年11月15日疫情在哈尔滨出现，清政府即委派伍连德去治理。伍连德是当时中国第一个进入英国剑桥大学学习的医学博士。他到达哈尔滨之后，做了以下几件事情：

第一，查清鼠疫的传染源。当时科学家普遍认为鼠疫是由老鼠传染给人的，而人与人之间不会传染。因此，对抗鼠疫的方法就是灭鼠，这

里的鼠自然也包括我们旱獭家族。伍连德到了哈尔滨后，对鼠疫传播方式产生了怀疑。因为，冬天的哈尔滨根本没有老鼠大规模活动，并且我们旱獭要冬眠，怎么可能大规模传染。伍连德在死者和旱獭体内均找到鼠疫杆菌，这表明鼠疫可以在人与人之间传播。如果不是伍连德的及时发现，我们啮齿类动物又会受到人类的大清洗。

第二，控制传染源，隔离接触鼠疫患者。查明鼠疫的传播方式之后，伍连德开始对哈尔滨，尤其是鼠疫的重点区域——傅家甸进行全面布控。所有的公共设施，如旅馆、饭店、商店，均进行全面消毒，对患者及其家属实行严格的隔离，要求有可能接触患者的人自行隔离。为了控制疫情，伍连德设计了棉纱做成的简易口罩，后来被称作"伍氏口罩"。

第三，消灭传染源，火化尸体。时值冬日，疫情最大的传染源是患者的尸体。伍连德当机立断，上书请求准许火葬。伍连德的上司施肇基成功说服了清朝政府，同意将弃尸予以火葬。防疫人员将尸体堆成22堆，每堆100具，倒上煤油，开始了中国历史上首次集体火化。同时，大量发放传单，鼓励百姓在新年里多放鞭炮，不仅仅在心理上让百姓有了消灾辟邪的安全感，更重要的是利用鞭炮散发出的硫黄味道灭菌。在全城燃放鞭炮，对弥漫在空中的病菌是一次极好的驱赶和灭杀。

实施上述措施后，全城死亡人数急速下降，感染者也越来越少。1911年3月1日是伍连德到达哈尔滨的第67天，当天哈尔滨无一例死亡、无一例感染。之后数日，均无感染及死亡病例。与此同时，伍连德提出

喜马拉雅旱獭（邢睿　摄）

一门改变了鼠疫研究史的学说——肺鼠疫。从这门学说开始，鼠疫在后世的研究中逐渐被分成腺鼠疫（鼠传染人）、肺鼠疫（人与人之间可传染）、败血症鼠疫等。

最后，我们想再一次警告人类：鼠疫已在历史上给人类带来如此惨痛的教训，还请人类长点心吧，别为了贪吃一口肉而捕杀我们。我们的肉不是唐僧肉，吃了不但不能长生不老，反而会给人类带来灾难。

中文学名：斑嘴鸭

拉丁学名：_Anas zonorhyncha_

体型：体长50～64厘米；体重约1千克

特长：善游泳，亦善行走

食性：主要吃植物性食物，常见的有水生植物的叶、嫩芽、茎、根，松藻、浮藻等水生藻类，草籽和谷物种子；也吃昆虫、软体动物等动物性食物

活动区域：中国、日本、朝鲜、韩国、蒙古、俄罗斯、不丹

保护级别：无危（LC）（IUCN标准）

斑嘴鸭：我们是禽流感病毒的携带者

人类朋友：

　　你们好！

　　今天我们作为水禽的代表给你们写信。先自我介绍一下，我们叫斑嘴鸭，因嘴巴而得名。此外，我还有一个文雅的名字——夏凫。除了嘴巴的特征，外形上我和普通的家鸭非常相似。在中国，我们斑嘴鸭繁殖于东北、华北、西北及四川一带，在中国长江以南、西藏南部和台湾越冬，也有部分成员终年留居长江中下游、华东、华南及台湾一带。

　　作为水禽的一员，我们想明确地告诉人类：我们的体内有禽流感病毒。不信，你们看：2014年10—11月，华东师范大学的研究者刘晶博士在浦东东滩湿地采集雁形目水鸟样本11种326只次，获得咽肛拭样656份，阳性率为40.80%，病毒亚型包括H5N2、H6N1和H4，宿主除我们斑嘴鸭之外，还有我们家族的罗纹鸭、绿翅鸭等8种雁形目水鸟。不过，你们不用担心，一般而言，禽流感病毒在我们的体内是不会直接传染给人类的，要经过变异之后才会在人类中大规模传播。现在人类已知的流感病毒均来自禽流感病毒的变种，所以千万不要把流感和感冒等同。用你们医学专家张文宏的话说："如果流感是老虎，感冒连只猫都不如，至多是一只苍蝇。"我们今天给你们写信，其中一个目的就是警告你们人类：我们鸭族虽然弱小，但是我们体内的禽流感病毒可以突变成流感病毒，能让人类苦不堪言。

流感是一种古老的疾病，早在古希腊时代在希波克拉底的著作中就有过记载。流感大流行最初发生在19世纪，近百年来，发生过四次很大规模的流感。流感是人类历史上危害最大的传染病之一。甲型流感病毒分别在1918年、1957年、1968年和2009年共引起了四次全球性流感大流行，严重危害人类健康，对社会造成了很大的冲击。其中，1918年的第一次流感大流行造成了全球超过5000万人死亡，成为人类历史上最大的一次灾难。同一年，中国也发生了流感，农村发病率高于城市，有些村庄50%以上的人发病、10%的人死亡。

1918年流感大流行后，从20世纪30年代到50年代早期，流感又恢复成常态局域性流行且病毒毒力相对低弱的模式，直到1957年再次出现大流行。这次大流行由H2N2亚型禽流感病毒造成，于1957年2月最初发生在中国贵州省南部，3—4月传播到中国香港，随后急剧扩散至亚洲所有的国家，接着又在大洋洲、美洲和欧洲登陆，遍及几十个国家。在8个月的流行期内，亚洲流感造成了最少100万人死亡。

流感病毒的全称是流行性感冒病毒，是一种特殊的病毒，这种病毒有可能引起极为严重的临床表现，如肺炎，一旦转为重症肺炎有可能致人死亡。流感病毒通过呼吸道传播，传播速度很快，新亚型出现后，几个月内可横扫全球。在流感流行年份，人类死亡率明显升高，婴幼儿、年老体弱者或慢性病患者往往死于流感或流感的并发症。尤其是在季节

戏水中的斑嘴鸭

转换时，流感总是侵袭免疫力低下的老人、孩子及过敏体质的人。2003年，全世界SARS患者人数8422例，死亡人数916例，死亡率为11%，而流感的死亡率是9%。

现今人类所有的流感病毒均来自禽类，但是禽流感不等同于流感。甲型流感病毒存在和流行于多个物种，尽管近年在蝙蝠体内也发现甲型流感病毒存在，但目前科学界还是普遍接受野生水禽是甲型流感病毒的自然宿主。在通常情况下，病毒受到中间传播障碍的限制只能在已经适应的物种中流行和传播。但是，在一定的条件下，水禽中的甲型流感病毒可能跨种感染岸禽（如鹈鹕和鸡等），岸禽再通过动物间的相互作用发生进一步的种间传播。在某些目前我们尚未完全了解的情况下，动物甲型流感病毒可能通过获得某些基因突变、进一步适应或重组而打破种间限制发生人感染，这个过程为大流行流感病毒的形成提供了可能，最后发生动物源性变异的甲型流感病毒通过跨种感染把病毒传播给人类。禽流感需要变异之后才能转变为在人类中传播的流感病毒。根据病毒与宿主细胞相互作用的过程，禽流感病毒包括H7N9亚型禽流感病毒的跨种传播需要三个条件：

一是流感病毒对细胞受体的特异性识别。H7N9亚型禽流感病毒必须对人体细胞，特别是呼吸道上皮细胞表面的受体有一定的吸附能力。人体细胞的受体就相当于锁，H7N9亚型禽流感病毒只有先打开细胞之锁，才有可能进行传染。

二是流感病毒对抗宿主的限制和免疫反应。病毒进入细胞后必须克服细胞天然免疫力的限制，病毒对抗宿主细胞的限制和免疫反应是病毒能否进行繁殖的关键。

三是流感病毒在宿主中的适应性和复制。病毒必须利用宿主的体系进行复制、转录和翻译，季节性流感病毒已经适应了人类细胞的体系，而H7N9亚型禽流感病毒的复制酶体系需要获得一定的适应性突变才能在人类细胞内繁殖和复制。

只有同时满足以上三个条件，禽流感病毒包括H7N9亚型禽流感病毒才能跨种感染人类并进行传播。流感是你们人类有办法治疗的疾病。

防治的第一点就是要佩戴口罩。100多年前，当大家知道这是传播性疾病时，就已经知道需要佩戴口罩保护自己了。也就是说当疫情暴发时，出门佩戴口罩是非常重要的。防治的第二点就是洗手，常洗手保持健康。预防所有的呼吸道传染病都需要勤洗手。流感病毒大多数情况下都是通过手接触传播，当然空气飞沫也会传播。

听完我们的警告，不知你们人类是否明白了流感的危害了。警告你们不是我们最终的目的，我们最终的目的是希望你们正确认识到我们水禽的重要性，给我们留一片天空，也给你们自己留一片天空。我们也不愿意看到流感在人类中肆虐，只希望能与你们和谐共处，能够成为朋友，即便是做不了朋友，咱们也没有必要互相残杀，你们说是吗？

中文学名：蟾蜍（癞蛤蟆）

拉丁学名：*Bufo radde*

体型：头宽大，口阔，吻端圆，吻棱显著

特长：喜隐蔽，水陆两栖

食性：以甲虫、蛾类、蜗牛、蝇蛆等为食

活动区域：除马达加斯加、波利尼西亚及南极、北极以外的地区

保护级别：暂未纳入

蟾蜍：吃我们是要遭牢狱之灾的

人类朋友：

你们好！

我们是蟾蜍，又名癞蛤蟆，就是你们眼中那个梦想吃天鹅肉、不切实际、异想天开的家伙。我们一直弄不懂现代的人类为何把我们贬得如此一无是处，明明我们和青蛙兄弟同宗同源，都是以帮助人类消灭害虫为己任，甚至我身上的蟾酥以及蟾衣还可以为人类的科学研究提供原料。在我们看来，我们在你们人类心中的地位应该比青蛙还重要啊，难道仅仅是因为它们比我们长得好看吗？唉，你们人类真是个"看脸"的族群啊！其实我们蟾蜍和青蛙最重要的区别就是肩胛骨是否闭合而已。青蛙身上的肩胛骨将脊柱和上肢肌肉韧带相连接，它们的肩胛骨是闭合的，所以它们可以昂首挺胸；而我们的肩胛骨没有闭合，所以我们看起来总是驼着背。可是，在古代我们却享有崇高的地位。殊不知，蟾蜍崇拜在古代和月亮崇拜、母性崇拜是三位一体的。蛙类在神话中是与水和月亮相关的生物，被认为是阴性的。因为蟾蜍繁殖能力强，中国远古先民最早是把蟾蜍视为生殖之神而加以崇拜的。古代神话《刘海戏金蟾》传开后，我们成为招财进宝的象征，人们喜欢将口含金钱的三足蟾放置在住宅、商铺内，称其为"招财蟾"。

蟾蜍（赵序茅 摄）

虽然共同生活在一个星球上，但是我们蟾蜍看到的世界和你们人类看到的世界完全不同。人类的眼睛有两种运动方式：一种是随意运动，可以上下左右环视，看到周围的物体；另一种是不受意志控制的轻微颤动，即使在定睛注视时，这种轻微颤动也照样发生。眼睛中的感受细胞在轻微颤动中，把颜色的信息传给大脑。再看我们的眼睛，虽然也有晶状体，但是无法轻微颤动，又没有睫状肌来调节晶状体，因此看不清静止的物体；只有运动着的物体，才能在我的视网膜上成像。我眼中的人类只不过是一个巨大的阴影，只有当这个大阴影移动的时候，我们才会选择逃跑或躲避。我们看到的物体只是和自己生存相关的，而人类眼中看到的世界则复杂得多。

　　随着时代的发展，人类渐渐遗忘了这些古老的文化和传说。人们的眼睛开始越来越"近视"，只注重我们的经济价值而忽视我们的文化价值和生态价值。

　　2017年2月20日，浙江农民陈某抓了114只我们的同胞而被刑事拘留。此刻，包括陈某在内的很多群众蒙了："逮癞蛤蟆也犯法？"在许多人看来，这是小事一桩，警方未免有点小题大做了。可是又有多少人知道我们身上的价值？

　　小小的蟾蜍背后拥有大大的价值，我们的价值概括起来主要表现在四个方面：

　　一是维护生态平衡。我们可以控制农业害虫数量，是一种重要的有益动物。我们每天要吞食大量的活昆虫和其他小动物，主食蚜虫、蚊、

蝇等农田害虫。由此可见，我们在消灭农业害虫，保护农作物免遭虫害，避免居民区传染病传播，保护环境卫生，维持生态平衡，减少传染源等诸多方面有积极的作用。

二是环境指示物种。我们所代表的两栖动物是环境改变和污染的指示剂和晴雨表，我们有渗透性的裸露皮肤，无鳞、无发、无羽毛和卵、无硬壳，故很容易吸收环境中的物质。许多物种的整个生活史都暴露于水和陆地中的有毒物质里，两栖动物具有冷血动物的特征，对温度的改变、降水的强弱和紫外线的增加感应尤其灵敏。因此，从一个地区蟾蜍的数量就可以看出当地环境的好坏。

三是药用价值。我们的蟾酥是表皮腺体的分泌物，为白色乳状液体，有毒，干燥后可以入药。蟾酥成分复杂，最早提出的有效成分被称为蟾酥精，其药理作用与洋地黄相似。后又分离出数十种有效物质，有强心等作用，是中国传统医药中的一味重要药材。蟾酥、蟾衣的功效在古往今来的药典中都有记载，如《中药大辞典》记载："蟾蜍全身均可供药用，干蟾皮可治疗小儿疳积、慢性气管炎、咽喉肿痛、痈肿疔毒等症。"

四是科学研究价值。我们是被国家保护的有益的或有重要经济、科学研究价值的陆生野生动物，是进行生理学研究、医学研究的重要实验动物。

如此重要的我们，在人类眼中只不过是一只癞蛤蟆，我们悲惨的命运也就不奇怪了。其实，陈某抓捕的114只蟾蜍，只不过是餐桌上的冰山一角。当前，过度捕捉、商业贸易和开发利用也是造成两栖动物受威胁的主要原因。我们的家族在上海被加工为"熏拉丝"，其主要来源为上海、江苏、浙江、安徽捕获的野生种群，主要利用地区为上海的金山区和青浦区，有向奉贤区、松江区及上海中心市区蔓延的趋势。在上海，蟾蜍一年食用量有几百吨。

　　此外，农田里大量使用农药也是造成我们种群大幅减少的原因。农药中的毒死蜱和丁草胺对蟾蜍的蝌蚪而言属于剧毒农药。从细胞水平上来看，毒死蜱、二嗪磷、丁草胺和百草枯具有生殖毒性和致突变效应，乙草胺具有致突变效应，可诱导细胞凋亡。

　　司马迁有言："人固有一死，或重于泰山，或轻于鸿毛，用之所趋异也。"化用在蟾蜍身上，如果我们114位兄弟的生命能够唤起你们更多人的良知，激发你们关注我们这些弱小的生灵，那兄弟们也算是死得其所了。

----------------------------------- ★ 野生动物身份证 ★ ----------------------------------

中文学名： 远东刺猬

拉丁学名： *Erinaceus amurensis*

体型： 体长21.5～27.5厘米，尾长2～2.6厘米，后足长3.6～5.4厘米，耳长2～2.6厘米；体重360～750克

特长： 昼伏夜出

食性： 主食昆虫和蠕虫，兼食小型鼠类、幼鸟、蛙、蛇、蜥蜴等小动物，亦喜食瓜果、蔬菜、豆类等农作物，以及野果、树叶、草根等植物性食物

活动区域： 中国、俄罗斯、朝鲜和韩国

保护级别： 低危（LC）（IUCN标准）

远东刺猬：我们的刺伤不了你们，但我们体内的病毒可以

人类朋友：

你们好！

我们是远东刺猬，在分类学上属于猬形目猬科猬属。我们的家族广泛分布于中国东北、华北及长江中下游地区，我们经常出没于灌丛、草丛、荒地、森林、农田等多种环境，现在我们家族的不少成员已经成功在城市里定居了。

我们给人类留下的印象是，蜷缩成一个球一动不动，鼻子、眼睛都掩藏起来，这便是我们遇到危险时的反应。我们不善于奔跑，面对天敌时只有把身子蜷起来，凭借身体厚厚的盔甲来对抗天敌，令它无处下口。

我们此次给你们写信就是想告诉你们，我们体内不仅携带有冠状病毒，而且我们身上还会携带很多细菌以及寄生虫，尤其以蜱虫居多，恳请你们人类离我们远些。此外，我们性格孤僻，喜欢独来独往，体味和排泄物的异味很重，因此不建议人类把我们当成宠物饲养。

在你们眼中，我们似乎很傻，不明白我们为什么要主动报告自己身上的病毒。其实，我们只是希望人类真正认识我们，了解我们身上携带的病毒，进而减少对我们的伤害，因为我们刺猬家族已多次受到人类的

迫害。

　　虽然我们身上长有刺，但是对付天地和其他动物尚可，却奈何不了人类。我们的刺是角质蛋白，如同人类的指甲。我们因为个头大小不一，所以身上的刺也不一样。通常我们身上有16000～17000根刺，每根只有1毫米粗。从外表看，我们一身尖刺，令人生畏，其实我们胆子非常小，很少主动用身上的刺攻击其他动物。平日里，我们主要食用昆虫、蠕虫、软体动物，以及树叶、草叶、果实等，偶尔也会捕捉一些小蛇打打牙祭。我们是著名的"大胃王"，尤其是夏、秋季节，往往一个晚上我们就能吃掉相当于体重一半甚至更多的食物，到了冬季我们就进入冬眠了。

　　很多人类朋友替我们担心，我们身上长满刺，出生的时候妈妈岂不是很痛苦？其实，我们身上的刺并非一出生就有，如果是那样的话，妈妈如何消受得起。我们刚出生的时候身上长的是类似鳞片的角质物，这些"鳞片"就是刺的原型。随着我们的生长，"鳞片"从皮肤下萌出，不断生长，变硬，就形成了刺。

　　除了防御，我们的刺还具备"隐身"和搬运的功能。我们身上灰白色的刺，从远处看活脱脱像一堆枯草；有时它们还将落叶附在我们身上，可以巧妙地和周围环境融为一体，使天敌难以发现我们。我们外出觅食时，还可以把吃不完的食物戳在身上，打包带回巢中享用。不过，我们这些小伎俩只能蒙蔽天敌，却无法逃出人类的法眼。

　　我们真心希望能与人类和谐共处，我们能为人类做很多事情，比如帮助人类杀灭自然界的害虫。此外，我们自身的特征还可以为人类提供

觅食中的刺猬

仿生学的灵感。之前，美国科学家马可·帕沃教授与美国宇航局喷气动力实验室及美国麻省理工学院就以我们的身体为原型合作开发"刺猬探测器"，这个约50厘米宽的太阳能机器人外形酷似刺猬，周身布满尖刺，以帮助其在低重力的环境下行走，便于收集火星表面土壤和岩石等标本。这就是仿生学的例子。

　　再次恳请人类最好不要迫害我们。

中文学名: 赤狐

拉丁学名: *Vulpes vulpes*

体型: 成兽体长约70厘米，后足长13.5~17.2厘米，头骨之颅基长13.4~16.9厘米

特长: 听觉、嗅觉发达，性狡猾，行动敏捷，喜欢单独活动

食性: 杂食，"杀过者"成员

活动区域: 中国、阿富汗、阿尔巴尼亚、阿尔及利亚、安道尔、亚美尼亚等

保护级别: 低危（LC）（IUCN标准）

赤狐：法学专家，发言请慎重

人类朋友：

你们好！

我们叫赤狐，也就是你们俗称的狐狸。我们是地球上现存的36种犬科动物中分布范围最广的，广袤的北非、北美大陆和欧亚大陆的大部分地方都有我们的身影。我们适应了从半干旱荒漠到极地苔原、从城市到乡村等多种多样的环境。不仅如此，在全球变暖的背景下，我们的同伴继续增加，开始向北极地区拓展地盘。

在你们人类眼中，我们一直神秘存在，千百年来关于我们的传说不胜枚举。最初的时候，我们是一种祥瑞之兽，是繁衍昌盛的象征。汉代班固在《白虎通义》中以狐为兆，示"子孙繁息"之德兽。在汉代石刻画像中，我们与白兔、蟾蜍、三足鸟并列于西王母座旁。《宋书·符瑞志》则说："白狐，王者仁智则至。"《孝经·援神契》说："德至鸟兽，则狐九尾。"大约在北宋后期，我们渐渐被妖魔化，成为"媚惑"的象征，当今人类更是以"狐狸精"代指一些行为不端的女子。

如今，我们这些野生动物终日担惊受怕，生怕你们有些人听信某些谣言，灭杀我们野生动物。在此，我们要举报一位法学专家，正是这位专家提出："借鉴国际公约名录的做法，公布不可食用的野生动物及其制品名录，将地方保护的非珍贵、濒危野生动物、传统的'三有'动物，以及那些可以更容易引发公共卫生问题的动物（如刺猬、蝙蝠、穿山甲、蜈蚣、毒蛇等）可以考虑采取特殊保护措施，允许科研利用和生态灭杀，但严禁食用。"

看到这位专家的建议，我们感到悲哀，他连最基本的生态常识都不懂。诚然，我们这些野生动物体内含有大量的病毒，而且很多病毒都有感染人类的可能。但是，我们不是潜在的威胁。恰恰相反，我们这些野生动物将病毒封存在自己体内，是确保了人类的健康安全。将我们捕杀了，病毒并不会自行消灭。要是成千上万的病毒大军汹涌而来，你们人类受得了吗？

真的恳请这位法学专家在说话之前要慎重。我们知道你们人类的大脑是动物界中最发达的，但是妄求通过灭杀野生动物达到消灭病毒的目的，必定是舍本逐末，鼠目寸光。亟须声明的是，我们狐狸不是你们人类的仇敌，相反我们可以与人类和谐相处。

最近几百年，面对人类工业化的冲击，自然界的许多物种正在以不可思议的速度消失。我们赤狐却反其道而行之，慢慢找到了一条与人类和谐相处的道路。我们慢慢适应了人类城市化的进程，在乡村和城市拥有完全不同的生活方式。在乡村，我们挖洞，将巢穴建在洞中；在城市，我们却很少这么做，而是利用人造洞穴。不仅如此，在城市中生存，我们还调整了自己的食谱。人类食物残渣，唾手可得。寻找食物不算难事，我们可以把更多的时间用在社交上。在城市生存，我们的领地

赤狐（包红刚　摄）

赤狐（张岩　摄）

要小得多；相比之下，在乡村，我们的领地比城市大很多很多。在城市里，我们彼此学会相互适应，食物多，没有必要为了争夺食物浪费体力。不过食物残渣会带来大量病菌，理论上会导致生病，但是我们在长期的适应中进化出了更复杂的免疫系统。我们开始在城市中繁衍。以前我们是英国城市特有的现象，现在美国纽约、澳大利亚悉尼、俄罗斯莫斯科都有我们生存的痕迹。我们成功的秘诀在于不挑食，我们是杂食性动物，是"机会主义者"，食谱非常广泛，包括蚯蚓、甲虫、鸟类、野兔等。如果没有新鲜的食物，其他捕食者剩下的残羹或其他动物尸体，我们也不嫌弃。如果实在没有肉食，浆果和谷物也能用来果腹。此外，我们还会未雨绸缪，把吃不完的食物储存起来，以备不时之需。

在人类眼中，我们的身份和地位不断发生变化，由之前的祥瑞之兽到妖狐，再到如今的保护动物。从另一个层面上来看，我们眼中的人类也在发生变化，我们从对人类的极度惧怕到渐渐适应城市化的进程，这或许是人与动物和谐相处的一个典范。希望不久以后，中国的各大城市中也能看到我们赤狐的身影。

第三部分

告别信

给人类写这封信的时候，我们可能早已或者就要离开这个世界了。我们知道自然界有自己的演替规律，物种兴衰本来是自然演替的结果，无可厚非。可是，我们的灭绝并不是自己不努力，生存权利的丧失，更多的是人类对我们的过度索取和压迫。虽然我们即将离开或者已经离开这个星球了，但是作为这个星球上曾经的一员，我们希望人类能够善待其他野生动物，更希望人类能够自我反省。"假如地球上的动物都离开了，人类最终也无法独活"，这是我们的告别信。

中文学名: 斑鳖

拉丁学名: *Rafetus swinhoei*

体型: 背盘长36~57厘米，背盘宽度仅略小于长度，几近圆形

特长: 善潜水，底栖

食性: 肉食性，性情凶猛

活动区域: 中国、越南

保护级别: 极危（CR）（IUCN标准）

斑鳖：我将孤独终老

人类朋友：

你们好！

我是一只雄性斑鳖，目前生活在苏州动物园。2019年4月13日，我深爱的妻子，目前世界上已知的最后一只雌性斑鳖去世了，我成为世界上仅存的三只斑鳖之一。

如果再找不到雌性斑鳖，可能我们整个家族都会从地球上消失。在永远离开之前，我想和你们聊聊我的家族史。

斑鳖也称斯氏鳖或黄斑巨鳖，是世界上最大的淡水鳖，体长可长达1.5米，体重可达115千克。

早在人类出现之前，我们就在地球上生活了，曾几何时我们的家族非常庞大，广泛分布在中国的长江流域（包括钱塘江、太湖）和红河流域。在中华民族5000年的历史文化中，处处可以看到我们家族的身影。

我们家族的历史要从公元前说起，早在3000年前，商朝出土的青铜铭文中记载："丙申，王于洹，获。王一射，射三，率亡（无）废矢。王令（命）寝（馗）兄（贶）于作册般，曰：'奏于庸，作女（汝）宝'。"说的是商王在洹河射杀了一只斑鳖，随后下令以斑鳖的原型铸造了青铜鼋。

那时候，我们的名字还不叫斑鳖，叫鼋（yuán）。虽然现在我们龟类家族中也有一位成员叫鼋，但其实是你们人类"指鹿为马"。

不信，你们仔细瞅瞅商朝青铜鼋的外形，最明显的两处特征——硕大的头部和突出的鼻吻，一看就知道是我们斑鳖。如今叫作"鼋"的动物，头部略小，鼻吻部不突出，和我们不是一个种。我们斑鳖才是真正的鼋。

西周时期，周穆王在行军途中，遇到九江阻隔，无法渡江。情急之下，周穆王下令捕捉我们家族和扬子鳄，用来填河造桥，这就是后世成语"鼋鼍为梁"的由来。这个典故足以证明早在西周时期，我们就拥有一个庞大的家族，否则不足以填河造桥。

在后世的演绎中，我们还有一个名字叫癞头鼋，尤其是在江浙一带流传。

在人类风景园林中，经常看到一只"大乌龟"驮着一块石碑，那只"大乌龟"就是我们的原型。

在神话故事中，我们被唤作赑屃（bì xì），又名霸下，相传是龙的第六子。天生神力，可以背负三山五岳，后来被大禹招安，成就一段治水神话。

我们家族的辉煌还在继续，在中国四大古典名著中，有两部名著都提到过我们。《西游记》中，在通天河驮着唐僧师徒渡江的正是我们族人；《红楼梦》中，贾宝玉说："明儿我掉在池子里，教个癞头鼋吞了去，变个大王八……"这里的癞头鼋也正是我们的别称。

随着人类活动空间不断扩张，我们的家族逐渐没落。尤其是进入20世纪之后，我们的家族遭到毁灭性的打击。

　　20世纪60年代，由于环境恶化和人类过度捕捞，我们在长江的家族遭遇灭顶之灾，不久之后全军覆没。

　　而生活在红河流域的家族，也没有好到哪里去。

　　19世纪50—60年代，我们云南的族鳖还比较丰富，70年代也尚有一定数量。可是，20世纪50—70年代，我们红河流域的族鳖遭到过度捕捞，2006年之后在红河流域就彻底消失匿迹。

　　直到20世纪90年代，我们的家族才受到人类的重视。那时候，我所居住的苏州只有三个同胞，上海只有一个同胞。不久之后，苏州的两个同胞和上海的一个同胞相继去世，苏州只剩下我孤苦伶仃。

　　不过，人类发现长沙动物园还有一只雌性斑鳖，于是在2008年我们认识了。但由于我们夫妻的身体原因，没能完成开枝散叶的重任。

　　此时的人类比我们还着急，他们前后五次帮助我们夫妻进行人工授精，可是最终都没有成功。就在第五次人工授精之后，我的妻子永远离开了我，独留我一个孤苦伶仃。

　　可能过不了多久，我也会离开这个世界。最后我想说："地球上万千生灵，彼此相互联系，构成一个共同的命运体，希望每一个生命都能受到保护和尊重。"

中文学名： 白鲟

拉丁学名： *Psephurus gladius*

体型： 体长2～3米，最大的体长可达7.5米；体重200～300千克

特长： 栖息于干流的深水河槽，善于游泳

食性： 成鱼和幼鱼均以鱼类为主食，亦食少量的虾、蟹等动物

活动区域： 中国

保护级别： 极危（CR）（IUCN标准）

白鲟：请人类保护好长江水族

人类朋友：

你们好！

当你们现在在博物馆看到我的时候，我已经离开了这个世界。未曾想到，与你们未曾谋面，已是永别。

我们白鲟是一种古老的鱼类，在地球上存在上亿年之久。我们属于软骨硬鳞鱼，典型特征是长有长长的吻部。1991年，中国地质博物馆的卢立伍在辽宁凌源发现一件具有长吻部的鱼类化石，其特征与古白鲟相似，和它一同被发现的还有北票鲟、狼鳍鱼及其他一些典型热河动物群化石。此化石具有极长的、由一系列纵向分布吻片构成的吻部，头部有明显的前、后长形孔，与鲟科和软骨硬鳞科区别明显。经过古生物学家鉴定，属于白鲟科。由此可以看出，我们的祖先早在侏罗纪就已经出现。

当今世界上，我们家族成员仅存两种——白鲟和匙吻鲟。我们白鲟仅分布在中国长江的干支流域，如沱江、岷江、嘉陵江、洞庭湖、鄱阳湖及钱塘江。匙吻鲟则分布在美国的密西西比河流域。我们和匙吻鲟最显著的区别在于吻的形态和食性，白鲟的吻尖细，以鱼为食；匙吻鲟的吻宽扁，滤食浮游动物。

我们白鲟又名中国剑鱼，为中国特有鱼类。因为吻部长且状如鸭嘴，俗称鸭嘴鲟。我们呈梭形，胸鳍前部的身体平扁，后部略侧扁；鱼体背部灰黄色，腹部白色，各鳍灰白色，尾鳍外缘为青灰色。中国古代把我们称为鲔。我们的吻部可占体长的1/3，吻部占身体的比例随着生长发育而发生变化，性成熟前吻部占身体的比例随个体生长而减小，性成熟后基本稳定。

我们为中下层鱼类，在长江干流及一些水量较大的支流都有分布，幼鱼多在河流中下游至河口及附属水体觅食，性成熟后溯河产卵，产卵场在金沙江下游的宜宾江段。每年的2—3月是白鲟的繁殖季，我们会上溯到长江上游产卵。我们的卵带黏性，沉到水里，一尾重30千克的雌鱼可以产下20万粒卵。

长江葛洲坝水利枢纽兴建后，我们被大坝阻隔，中下游的同胞不能上溯到上游繁殖。大坝截流后，我们家族一部分成员被拦在坝下，使上游种群数量下降。但由于产卵场未破坏，坝上的亲鱼仍能繁殖生长，随后我们在坝下觅得产卵场。不过，长江上的大坝不止葛洲坝，过多的大坝将我们的栖息地分割成一座座孤岛，对我们的生存极为不利。

我们生长速度很快，尤其是当年孵化出的幼鱼。当年10个月的幼鱼全长在53~61厘米，一龄鱼平均体长75厘米。我们的雌鱼、雄鱼在性成熟前生长无明显差异，性成熟后，雌鱼的长度及重量均大于同龄的雄鱼。民间渔民流传"千斤腊子万斤象"的说法，其中"腊子"指的是中华鲟，"象"就是指的我们白鲟。不过现实情况下，我们是长不到万斤

白鲟

的。2007年人类捕获到的我们的一个同胞，它体长约3.6米，这是近些年来我所知的最大一条。不过，根据动物学家秉志记载，20世纪50年代有渔民在南京曾捕到我们的一个同胞，长7米，体重908千克，这是世界上淡水鱼类体长的最高纪录。

我们是一种肉食性鱼类，以其他鱼类为食。我们的食性随季节和环境发生变化，在长江上游春夏季以鰺鱼为主，秋、冬季则以虾虎鱼和虾类为主；在长江下游江段，我们则以鲚鱼和虾蟹类为主。我们有个大肚皮，一次进食量可占体重的5%，一次摄食后，可在相当长的一段时间内不摄食。

早在1983年国务院颁布的《关于严格保护珍贵稀有野生动物的通令》中已经将我们白鲟列为国家一类特有珍稀动物。可惜经过几十年的努力，我们还是不断没落。很多人可能会问，为何不对我们进行人工繁育然后放生。现实的情况没有那么简单。20世纪90年代可以捕捉到我们白鲟的幼鱼，可是那个时候人类还没有探索出关于我们白鲟的繁育技术。后来具备白鲟繁育技术之后，却再也捕捉不到我们的身影了。遗憾的是，我们并没有等到人类技术进步至可以挽救我们家族的那一天。

2003年，中国科学家最后一次救助放生一条我们的白鲟同胞，此后白鲟便消失匿迹。2009年，世界自然保护联盟（IUCN）把我们白鲟列入"极危"等级。2020年，中国水产科学研究院长江水产研究所首席科学家、研究员危起伟博士和张辉博士在国际学术期刊《整体环境科学》上发表文章透露，我们白鲟在2005—2010年已经灭绝。

那么如何定义一个物种是否灭绝？

世界自然保护联盟对于灭绝做出了定义："某一分类单元的物种的最后一个个体死亡，则认为该分类单元已经灭绝。如果无法确定最后一个个体死亡，在50年内没有发现该个体，就认为该分类单元的物种灭绝。"实际上要想确定一个物种最后一个个体死亡是非常困难的。随即，科学家提出了一个新的概念"功能性灭绝"。所谓功能性灭绝，是指即便是该物种还存在，也无法在自然状态下拥有维持繁殖的能力。从遗传上来看，一个物种想要生存繁衍下去而不至于近亲繁殖，需要一个最小有效种群，不同物种的最小有效种群的数量是不一样的。因此，早在1993年我们白鱀就已经被科学家认定为功能性灭绝。

从进化历史上看每一个物种都可能灭绝，旧的物种灭绝为新的物种提供生存的机会，如果地球上的物种都不灭绝，这个地球显然无法承受，物种的兴衰本身是一种自然现象。可是，我们白鱀本不该灭绝，是你们人类的活动打破了自然界的演化机制。我们本来可以在自然界继续存活，可是由于人类的干扰、破坏而导致我们灭绝。最后，我想告诉人类："你们也是生态系统中的一员，一旦生态系统出了问题，人类也无法幸免。"

--- ★ 野生动物身份证 ★ ---

中文学名： 华南虎

拉丁学名： *Panthera tigris Amoyensis*

体型： 雄虎从头至尾身长约2.5米，体重约150千克；雌虎从头至尾身长约2.3米，尾长0.8~1米，体重约120千克

特长： 嗅觉发达，行动敏捷，善于游泳，但不善于爬树

食性： 以草食性动物野猪、鹿、狍等为食

活动区域： 中国、孟加拉国、不丹、柬埔寨、印度、印度尼西亚、老挝、马来西亚、缅甸、尼泊尔、俄罗斯、泰国和越南

保护级别： 野外灭绝（EW）（IUCN标准）

华南虎：我们早已不是森林之王

人类朋友：

　　你们好！

　　我们是华南虎，当你们看到这封信的时候，我们已经在森林中永远地消失了。希望我们华南虎的离去，能够唤醒人类对我们老虎家族的重视，亡羊补牢，善待我们其他的家族同胞。我们是人类眼中的森林之王，人类对我们并不陌生，一提到虎，脑海里就会出现一个凶猛的野兽形象，虎虎生威、虎啸山林。可是人们对老虎却又十分的陌生。没有几个人在野外见过虎，充其量只是在动物园中看过人工饲养的老虎。但那些已经不是真正的老虎，真正的老虎在野外。如今我们在野外已经功能性灭绝，只有小部分同胞生活在动物园中。除了我们华南虎，现存的老虎还有5个亚种：东北虎（又称阿穆尔虎或西伯利亚虎）、印度支那虎、马来亚虎、苏门答腊虎、孟加拉虎。另有3个亚种已经灭绝，分别是巴里虎、爪哇虎和里海虎。中国境内分布着现存6个老虎亚种中的4个野生亚种。

　　我们老虎是独行侠，耳聪目明，只有嗅觉差些，但如果顺风，也能嗅出200米外的猎物的气味。我们性情孤僻，很少结伴，除了繁殖的时候，总是独往独来，方圆上百千米的森林里只能有一只老虎生存，即

漫步中的华南虎

便是夫妻也只能在发情期短暂地生活在一起。我们成天在自己的领地里到处漫游觅食，每天可走100千米，时常迁徙上千千米。每只老虎都拥有自己的领地，东北虎的领地可在800～1000平方千米。我们能随遇而安，一旦捕猎到大型有蹄类动物，会原地一连待上几天，吃完再走。我们是很隐蔽、沉默的动物，性好洁，进食后都要梳理一番，舔净各处的血污；也爱洗澡，冬季在雪地上打滚，蹭掉身上的污垢。

在广阔的森林中，我们曾经是绝对的王者，在那里生活、捕猎、繁衍后代。我们是机会主义捕猎者，几乎可以捕杀遇到的大多数猎物。说到这里，想必很多人认为，我们的捕猎一定很简单，就像电影和小说中描写的一样，只要现个形，呼啸几声，就可以将猎物制伏。现实中，我们的捕猎远没有想象中的威风。如果捕不到鹿、狼、豺、野猪等较大的动物，我们也捕食野兔、松鸡、鼠、鱼等充饥。实在饿急了，就顾不得体面了，只好拾捡腐尸，甚至以蚂蚱、野果、松子果腹。

我们华南虎是中国特有的亚种，我们最后一次出现在人们面前，就是当年的"周老虎事件"。2007年9月17日，陕西农民周正龙第一次看见了华南虎，并且拍摄了照片，但是没有冲洗出照片。10月2日，周正龙第二次看见了华南虎，并且拍摄了照片，这一次的照片就是网络上流传的那些华南虎照片。间隔不到15天，周正龙两次进山到华南虎的"家里拜访"，而且还拍摄了照片。其实，那只不过是炒作而已，我们华南虎早已经在野外功能性灭绝。

我们曾经是森林之王，如今日子却过得十分艰难。人类大量砍伐森林，破坏了我们的家园。更可恨的是，人类为了获取我们的皮毛、骨骼，直接将我们捕杀。我们家族的野生种群已经从一个世纪前的超过10万只锐减到目前的3000～5000只。我们家族现存于13个国家：中国、孟加拉国、不丹、柬埔寨、印度、印度尼西亚、老挝、马来西亚、缅甸、尼泊尔、俄罗斯、泰国和越南。

我们华南虎已经在野外销声匿迹，其他几个亚种的日子过得也是无比艰难。历史上，东北虎曾广泛分布于中国东北林区，由于捕杀和原始森林的丧失，现在仅有12～16只东北虎生活于该地区，多半还是从俄罗斯西伯利亚地区流浪过来的。印度支那虎的情况也不乐观，根据自20世纪90年代中期以来的报道，估计云南省的印度支那虎数目仅为30～40只。2009年的官方报道有14～20只，这些印度支那虎可能生存于西双版纳、临沧、红河和思茅地区。野外调查估计，目前云南地区印度支那虎野外种群不会超过10只，而且可能都为跨边境的个体而非留居虎。孟加拉虎曾经分布于东至西藏南部和东南部以及云南西部的阔叶林区，目前也岌岌可危，可能只在西藏墨脱存在一个残存种群，数量估计为8～12只，它们很可能代表了中国最后一个留居的孟加拉虎种群。

请人类救救我们老虎家族的其他亚种，千万不可让他们重蹈我们华南虎的覆辙，诚如是，我们死也瞑目了！

华南虎幼崽

中文学名：赤颈鹤

拉丁学名：*Grus antigone*

体型：体长1.4～1.5米；体重约12千克

特长：机警

食性：以鱼、蛙、虾、蜥蜴、谷物和水生植物为食

活动区域：中国

保护级别：易危（VU）（IUCN标准）

赤颈鹤：我们将离开中国

人类朋友：

你们好！

我们是赤颈鹤，中国朋友可能对我们很陌生，我们没有丹顶鹤那样的名气，也没有灰鹤的人气。我们是世界上15种鹤类中，体型最大、身体最强壮的一种，成年体长可达1.4～1.5米，比丹顶鹤还要大。我们家族主要生活在印度、缅甸、泰国、马来西亚、澳大利亚等地。在中国分布的是我们赤颈鹤家族的东方亚种，主要分布于云南盈江和西双版纳等地。

我们的家乡在云南，和其他鹤不同，我们在中国境内几乎不进行长距离迁徙，所以人类无法看到"黄鹤一去不复返"的场景。

我们通常栖息于多草的平原、水田、沼泽湿地及森林边缘。人类的名画《松鹤延年》，展示了我们家族中的丹顶鹤栖息在松树上，这纯粹是张冠李戴，因为我们的后脚趾无法与前三趾对握，所以不能栖息在树上。平日里，我们以谷物及水生植物的根、块茎为食物，也取食鱼类和蛙类。中国分布的东方赤颈鹤，属于国家一级保护动物。在中国的9种鹤中，我们赤颈鹤的命运尤为坎坷，且听我们给你们一一道来。

我们赤颈鹤东方亚种在历史上分布区较广、数量也较大。鹤类家族的成员多具有长途迁徙的习性，但我们只在生存环境变得极为干旱时，才被迫做相对短距离的迁徙。这种较为固定的栖息区域，也是一种有利于种群适应环境变化的生态对策，使种群适应与人类的共同生活，从而使种群保持了相当大的数量，一度成为一个人与动物相互适应、和谐发展的典范。我们赤颈鹤印度亚种在分布区内被印度教教徒视为吉祥鸟、湿地之神。中国的赤颈鹤东方亚种自古以来就受到人们的保护，加之其适应性较强，经常到农田和农田与湿地的交界地带采食，逐渐失去了对人类的恐惧，在很长一段时间内达到了与人类协同进化的程度。

我们在中国分布的最早记录，是英国人安德森于1868年和1875年在云南西部中缅交界处采获的两个标本，并在海拔1005米的地方发现了600多只的集群。我们在傣语中叫"诺坑"，

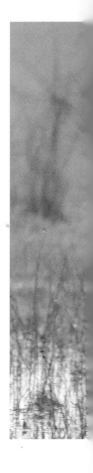

赤颈鹤（桑新华　摄）

觅食中的赤颈鹤

20世纪50—60年代在勐仑罗梭江边的田坝区很常见。我们每年在稻谷收割以后，大约11月飞来，在田坝里活动、跳舞、觅食。我们把巢建在寨子旁边的烂坝塘（沼泽地）里，窝是用稻草堆成的，约1尺（33.33厘米）高。我们一窝下两个蛋，比鹅蛋还大，蛋壳灰白色。等雨水到来，犁田插秧（7—8月）时，我们的孩子就长大飞走了。1962年以后坝区人多起来，猎枪多起来，猎杀我们同胞的人多了，烂坝塘开垦成水田以后，我们就消失了。

如今，我们在云南省已处于极端濒危的境地。与此同时，我们国外的同胞同样生活在水深火热之中，我们在印度、缅甸等地区的同胞数量也已十分稀少。近年来，我们族群在东南亚的栖息地生境条件持续恶化，如战争、湿地围垦造田、环境污染等，导致数量显著下降，并在部分地区绝迹，如泰国、菲律宾吕宋岛等。

如果不对我们加以保护，用不了多久，我们赤颈鹤东方亚种就会在中国彻底消失。离别之际，我们还有最后一个请求：请人类善待我们鹤类家族的其他成员，他们的日子也不好过。

···· ★野生动物身份证★ ····

中文学名：伊犁鼠兔

拉丁学名： *Ochotona iliensis*

体型：体型娇小，长约20厘米，有大大的耳朵

特长：擅长挖洞

食性：多以金莲花、虎耳草、雪莲等高山植物为食

活动区域：中国

保护级别：濒危（EN）（IUCN标准）

伊犁鼠兔：这个世界，"我们曾来过"

人类朋友：

　　你们好！

　　我们是伊犁鼠兔，虽然我们目前还尚在这个世界，但还是写下这封遗书，让人类知晓我们的前世今生。否则，哪天我们走了之后，大多数人还不知道我们曾经在地球上存在。

　　"伊犁鼠兔"这个名字是新疆环境保护科学研究院一个叫李维东的研究者取的。早在1986年之前，人类并不知道我们存在于这个星球上，我们没有被人类发现，所以没有名字。1983年8月13日，李维东在新疆天山山区从事鼠疫自然疫源地调查时，在尼勒克县北部海拔3320米的吉里马拉勒山意外地采集到我们同胞的标本。李维东当时就感觉我们的外部形态与其他鼠兔存在很多差别：我们的额部、顶部及颈侧有锈棕色斑，耳长和后足长均为鼠兔属已知各种中最大的，额骨较平坦，眶间宽达0.53厘米，比颅基长11%。随后，李维东联合中国科学院动物研究所马勇研究员，检索大量国内外文献，初步认为我们可能属于一个新物种。所谓新物种，是指之前一直存在但没有被人类发现和认知。随后，李维东于1985年8月13日、14日在吉里马拉勒山东侧20千米以外的切柳赛沟头，又分别采集到我们两个同胞的标本，经鉴定确认为新种。1986

年，李维东和马勇正式将我们命名为伊犁鼠兔。从此之后，我们也有了自己的名字。如果不是李维东研究员发现了我们，以及他和马勇研究员的命名，人类都不知道我们曾经在地球上存在。说到这里，我们伊犁鼠兔向李维东研究员和马勇研究员表示诚挚的感谢！

我们鼠兔是相当古老的动物类群，在渐新世该属就从其他兔形目动物中分化出来，中国中新世后期地层中曾发现鼠兔化石。鼠兔起源于亚洲，青藏高原是我们整个家族的分布中心和演化中心。在冰河世纪（第四纪冰川期），我们家族和其他耐寒动物四处扩散，我们伊犁鼠兔与大耳鼠兔、灰鼠兔、喜马拉雅鼠兔共同构成姐妹群中的一支，分别扩散至天山、昆仑山、克什米尔、喜马拉雅山脉等地。冰川期后，全球气候变暖，我们这些耐寒动物被迫向高海拔的寒冷区迁移，栖息于高寒裸岩区。随着岁月的变迁，岩石风化剥蚀，我们家族的栖息生境逐渐变小，我们伊犁属兔被彼此分割在天山局部的高海拔山区，在残存岩壁及倒石堆附近，形成目前这种各自封闭隔离的岛屿状生存状态。

如今，我们的分布区仅限于中国境内的天山山区，主要分为两处：一处是北天山分布区，沿婆罗科努山、伊连哈比尔尕山、天格尔山山岭分布，东西长450千米，南北宽20～40千米，纵贯尼勒克、精河、乌苏、沙湾、玛纳斯、呼图壁、昌吉、乌鲁木齐、和静等地山区，面积约13500平方千米；另一处位于南天山，沿帖尔斯克他乌山和科克铁盖塔乌山山岭分布，东西长230千米，南北宽20～30千米，涉及拜城、库车、轮台、和静等地山区，面积约5800平方千米。我们在南北天山的

伊犁鼠兔（李维东　摄）

分布区是两片完全独立的分布区，其间存在百余千米的分布空白区。在分布区内，我们被分割在天山高海拔区的各个山头，呈典型的岛屿状分布。我们伊犁鼠兔栖息于海拔2800～4100米的亚高山草甸、高山草甸及垫状植被带的裸岩区，筑巢于陡峭的山势、岩缝、岩洞。栖息地周围台地、岩缝中生长的高山植物是我们的食物来源，这些食物有青兰、金莲花、早熟禾、红景天、珠芽蓼等。我们栖息的气候条件特别恶劣，多数季节都被积雪覆盖。即便如此，我们也不愿意离开，这是因为在进化的历程中我们已经适应了这种环境，对栖息地有严格的选择。和其他鼠兔不同，我们伊犁鼠兔具有夜行性，拥有较强的暗视野活动能力，活动高峰期多在夜间，只有冬季的活动高峰期在白昼。此外，还有一点与其他属兔不同：其他鼠兔多具有鸣叫习性，鸣叫声通常作为信息交流的途径，除了通信作用，还具有领地占有和警戒等作用；而我们伊犁鼠兔则完全无鸣叫声。

遗憾的是，我们伊犁鼠兔才与人类接触几十年就到了说再见的时候。目前，我们的生存状况岌岌可危，随时都有可能灭绝。我们71%的分布区域已经没有了，这意味着2/3的成员已经丧失，现在我们的成熟个体数量还不到1000只。根据研究人员野外调查的结果初步推算，伊犁鼠兔的数量已由过去的2900只降至1300只左右，成熟个体由2100只降至930只左右，在近10年间伊犁鼠兔的种群数量减少了55%以上。

我们伊犁鼠兔逐渐没落，一部分是我们自身的因素，由于我们数量稀少，呈岛屿状分布，种群结构非常脆弱，加上栖息地环境恶劣所致。

另一部分是外界因素，比如人类活动的干扰严重影响我们的生存。现今新疆海拔3000米以上的许多区域都有牧民和畜群，牲畜啃食践踏高山植被，而牧羊犬则可能直接捕食我们的同胞。此外，全球气候变暖使天山冰川退缩加速，雪线上升，对我们这类耐寒动物也是致命的威胁。

　　如果哪一天，我们真的从地球上消失了，请人类记得：我们伊犁鼠兔曾经来过这个世界。

第四部分
举报信

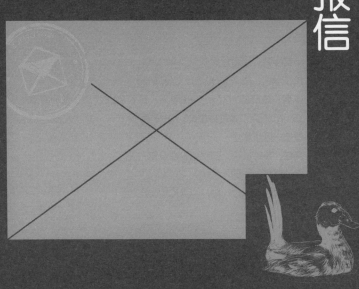

  由于人类干扰、破坏、偷猎，很多野生动物的家园遭到破坏，它们妻离子散，流离失所。这些动物给人类写了一份举报信，诉说自己的遭遇，恳请人类能够念在同住地球村的份上对野生动物"网开一面"。

★野生动物身份证★

中文学名: 川金丝猴

拉丁学名: *Rhinopithecus roxellanae*

体型: 成年雄性体长约68厘米,尾长68.5厘米;雄性体重
15~39千克,雌性体重6.5~10千克

特长: 擅长攀缘

食性: 食性很杂,但以植物性食物为主

活动区域: 中国

保护级别: 濒危(EN)(IUCN标准)

川金丝猴：我们不是人类的伶优

人类朋友：

你们好！

我们是川金丝猴，只生活在中国，是地道的中国猴。我们的家乡在四川、湖北、甘肃、陕西的高山密林中。

一提到猴群，很多人自然而然地会想到那威风八面的猴王。不过，可能让你们失望了，我们川金丝猴的世界不存在猴王。但是这么多猴聚在一起，又是如何组织的呢？

有猴的地方就有社会，就有一定的社会结构。纵观全球，人类社会多是一夫一妻制（当然部分地区存在一夫多妻制），群居型的非人灵长类的社会结构比人类复杂得多。人类有的社会结构它们都有，人类没有的它们也有，它们的社会主要包括一夫一妻制、一夫多妻制、多夫多妻制以及混交制。我们的社会是由两种基本单元组成的重层次的社会结构，一个基本单元是由一个成年雄性和多个成年雌性及其子女组成的社会单元；另一个基本单元是由数个不同年龄段的雄性组成的全雄单元（俗称光棍群），以这两个基本单元构成基层组织。这就好比人类社会，一个个小家庭组成一个村落。不过与人类社会不同的是，我们的社会中多了一个全雄单元，人类社会中虽然也有光棍，但是并不生活在一

川金丝猴母子

川金丝猴幼猴（赵序茅　摄）

起。此外，我们的雄猴一般到3岁左右离开家庭，雌猴可以留下；而人类多是女子成年出嫁，男子继承家业。

这次写信主要是为了向你们人类反映一个问题：近年来，很多景区打着保护我们的旗号，把我们圈养起来，以供游客参观、赏玩。对此，我们川金丝猴家族表示强烈的抗议。我们是国家一级保护动物，不是人类的伶优。

这些景区往往打着科学研究的旗号，把我们习惯化了。所谓习惯化，就是长期对我们野外猴群进行跟踪，让其习惯人类的存在，加以辅助野外投食，对其施加恩惠，有点类似于人类的招安。本来习惯化是为了科学研究，不曾想成为很多景区招引游客的幌子。在此给你们描述下我们在某景区所看到的场景：

身穿黑色衣服的男子拿了一包花生，树上的猴子看见黑衣男手里的花生，纷纷从树上下来飞奔到路边。完全不顾人与猴的界限，眼巴巴地看着黑衣男手中的花生。看到此情此景，黑衣男更加神气了，没想到几颗花生就可以令大名鼎鼎的国家一级保护动物川金丝猴摧眉折腰。噢！不对，以他的认知能力仅仅知道这是金丝猴，而不知道什么是川金丝猴。黑衣男将花生往空中一撒，众猴纷纷抢食物，就像孙悟空从天宫带了瓜果，分给猴儿们。黑衣男显然将自己当成了美猴王，过足了猴王瘾，自然不会忘记老婆、孩子。紧接着，黑衣男拿出一把花生，递给了身后的白衣女子。女子刚刚拿出花生，一只猴就上前抱住女子大腿，白衣女子惊慌之下，把花生撒到地下，一旁猴子进行争抢。两只雄猴为了争夺食物，在一旁龇牙咧嘴，发出"呀呀"的威胁声。黑衣男更加得意了，白衣女子也从刚刚的惊慌中平静下来，欣赏这难得一见的场景。只有白衣女子身后的红衣女孩吓得哇哇大哭。大人们忙着欣赏猴子大战，竟暂时忽略了身后哭闹的孩子。那边猴子分出了胜负，这边白衣女子才想到身后的孩子，让她不要怕。黑衣男掏出手机，打开抖音，一边录像，一边对全国人民进行科普："大家快来看呀，这就是金丝猴，国家一级保护动物，在全国分布不多。我这是零距离接触金丝猴。"说完，黑衣男更加起劲了，伸手递给红衣女孩几颗花生让其喂猴子。红衣女孩吓坏了，哭着说："坏猴子，坏猴子，我不喜欢，我要走。"黑衣男连哄带骗说："给猴子握下手，咱就走。"红衣女孩哪里敢啊。白衣女子轻声说："宝宝别怕，猴子不咬人，来用手摸一摸小猴子。"说着，白衣女子做出示范，摸了摸身边的小猴。可是，红衣女孩依旧不敢伸手。白衣女子拿出红衣女孩的小手，让其摸一摸猴子的手。之后，一家人满足地离开了。

上面的描述是我们的亲身经历，恳请人类调查取证，你们自己制定的法律不能不遵守。

中文学名：棕熊

拉丁学名： *Ursus arctos*

体型：体长1.5~2.8米，肩高0.9~1.5米；雄性体重135~600千克，雌性体重160~500千克

特长：适应力比较强，各种环境均能生活，有良好的耐力、极佳的嗅觉

食性：杂食

活动区域：西欧、巴勒斯坦到西伯利亚东部、喜马拉雅地区，非洲西北部的阿特拉斯山脉，日本北海道，加拿大，美国阿拉斯加地区

保护级别：无危（LC）（IUCN标准）

棕熊：谁偷走了我的孩子

人类朋友：

　　你们好！

　　我是一只棕熊，俗名哈熊、马熊，是陆地上最大的食肉动物之一。和人类一样，我们也用脚掌和足踝走路，后退可以直立，站起来比成人还高。虽然我们外表常给人一种笨重的感觉，但是实际上，我们的嗅觉比警犬灵敏，奔跑的速度可达每小时几十千米，并且耐力极好，以这样的速度连续奔跑十几千米不成问题。我如今生活在中国的阿尔金山保护区，我的同胞分布在世界各地。阿尔金山自然保护区平均海拔4500米，高寒缺氧、人迹罕至，不过这里却是我们野生动物的天堂，栖息着黑颈鹤、藏野驴、藏羚羊、雪豹等珍禽异兽50多种，国家级保护动物多达15万头。

　　据中国科学院新疆生态与地理研究所做过的调查，阿尔金山保护区平均每1000平方千米有0.9～1.4头棕熊，按照这个密度推算整个保护区的棕熊数量也就200头左右。与以往相比，这个数量少得可怜，要知道在20世纪80年代以前，新疆每年仅遭猎杀的棕熊就有100多头。在人们的不断"努力"下，我们的"地位"不断提高，最终进入了濒危野生动植物种国际贸易公约（CITES）的保护名单中，在中国也成了国家二级

行走中的棕熊（李维东　摄）

保护动物。

　　我们在阿尔金山主要栖息在山区的针叶林或针阔混交林等森林地带。我们每只棕熊都有自己的领地，常常在树干上用嘴、爪子或身体摩擦而留下自己的痕迹，并以此作为各自领地边界的标志，以免互相侵犯。我们多在白天活动，别看我们个头大，其实胆子比较小，一般不会主动攻击人。

　　最近我遇到一件伤心的事情，我1岁的孩子遇害了，杀害我孩子的正是它的继父。我为了抚育孩子，通常每隔3～5年才会交配一次。然而，我新找的配偶却不乐意了，为了让我尽早进入交配阶段，它会找机会杀死我的孩子。在我们棕熊家族，幼子死亡事件中有一半是继父所为。没办法，这也是我们家族的繁衍法则。没有保护好自己的孩子，我也很伤心。孩子遇害后，在坚硬的土地上我一点一点地刨开一个大坑将孩子葬下。我不愿看到其他动物再次践踏自己孩子的尸体，这也是我们家族的一种自我保护策略，不想"外人"发现我们的踪迹，这样可以更好地保护其他幼熊。

　　可是不承想，几天后当我再次路过孩子葬身之地时，我发现孩子的尸体已经被人挖出来，熊掌已被无情地割走。我不知道人类为何这样残忍，连一个幼小的尸体也不肯放过。

　　此刻，作为一个母亲我感到一种前所未有的羞辱与愤怒，为何茫茫阿尔金山竟然容不得一个孤寂的灵魂。某些人啊，你们到底还有没有一丝道德的底线，还有没有一点做人的良知？

★⋯⋯ ★野生动物身份证★ ⋯⋯★

中文学名：大鲵

拉丁学名：*Andrias davidianus*

体型：全长58.2 ~ 83.4厘米，头体长31 ~ 58.5厘米，最大个体全长可超过2米

特长：底栖，憋气高手

食性：主要捕食水中的鱼类、甲壳类、两栖类及小型节肢动物等

活动区域：中国

保护级别：极危（CR）（IUCN标准）

大鲵：放生不是放死

人类朋友：

你们好！

我们是大鲵，俗称娃娃鱼、人鱼、孩儿鱼，属于由水生脊椎动物向陆生脊椎动物过渡的类群。我的体长最长可超过2米，是现存体型最大的两栖类。我们曾经有一个庞大的家族，而在人类的破坏下，我们大鲵的命运岌岌可危。以下就是我们对人类的控诉。

曾经在中国南方地区我们非常常见，广泛分布于河北、河南、陕西、山西、甘肃、青海、四川、重庆、贵州、湖北、安徽、江苏、浙江、江西、湖南、福建、广东、广西等地，另外云南也有报道称有大鲵分布。自20世纪50年代起，由于人类过度非法捕杀我的同胞，破坏我们的栖息地，我们种群数量下降极为严重。我在湖南、安徽等地的同胞在20世纪50—70年代数量下降超过80%，分布区也极度萎缩，形成了12块岛屿状区域。在20世纪80年代以前，我们还被人类作为一种水产资源来收购。这其实都是人类的口腹之欲惹的祸，一小部分人类喜欢吃野味，于是把罪恶的黑手伸向了我们。我们被人类捕捉之后送进餐厅，成为人类的盘中餐。买卖带来的是，我们的同伴被大批捕杀。当野外捕捉满足不了人类的需求之后，你们开始把我们进行商业养殖，用于满足顾客餐

大鲵

桌上的消费。

我们既痛恨人类对我们家族的迫害，也同样讨厌一些"好心人"的"放生"。不是我们大鲵不知好歹，恩将仇报，而是这些"好心人"把我们的同伴从市场上收购之后随意放生，不但没有拯救我们，反而害了我们。为何如此？其一，我们对于生存环境要求极高，而那些"好心人"随便把我们往河流里放生，其实就是"放死"；其二，没有买卖就没有伤害，你们这些"好心人"购买我们而放生，实际上刺激了偷猎行为。因此，我们对你们这种盲目的放生行为不仅不会感激，反而会憎恨。

同时我们也知道，近年来各级政府部门为了拯救我们做出了不少努力，比如为了恢复野外种群的数量，政府鼓励将人工养殖的大鲵放归野外。但是，我们想说明的是，放生不是简单的社会行为，它是有较严的科学要求的。人工饲养的大鲵在野外放归前，需要弄清楚我们和野外种群的遗传分化。否则，贸然放归依旧是"好心办坏事"，导致野外种群灭绝。

我们作为一个古老的有尾两栖类，由于自身迁徙能力较差，对水环境的依赖性很大，且不同水系的种群间的基因交流非常困难。我们已经独立适应各自的生境，可能形成独特的种群遗传特征。自1871年由Blanchard记载中国西部的大鲵以来，许多学者对我们的分类地位做了研究。为了分清我们人工养殖的同胞和野外同胞的遗传分化，中国科学院昆明动物研究所张亚平团队采集了70个野外大鲵个体和1034个人工饲养个体的DNA数据，利用简化基因组进行分析。研究小组发现这些野外大鲵在500万~1000万年的漫长时间里，已经慢慢分化出了5个明显独立的遗传聚类（5个独立种）。与此相比，这些人工养殖的大鲵则出现了广泛的基因混合。这就意味着，一旦人工养殖的大鲵和我们野外种群进行交配，会增加基因污染（基因混淆）的风险，可能导致我们在野外的种群走向灭绝。因此，你们好意的放生可能会加速我们的灭亡。

如果野生种群灭绝，世界不仅仅是失去一种大鲵，而是全部的5种，而留在世间的大鲵将会是这些养殖场的混合种。自然界有自己的规律，我恳请人类尊重自然规律，否则放生就等同于"放死"！

········ ★野生动物身份证★ ········

中文学名: 白头硬尾鸭

拉丁学名: *Oxyura leucocephala*

体型: 体长43～48厘米；雄性体重560～865克，雌性体重
539～900克

特长: 善游泳和潜水

食性: 杂食，主要以眼子菜、水草等水生植物为食，也吃小
鱼、蛙、甲壳类、软体动物、蠕虫等水生动物

活动区域: 中国、阿富汗、阿尔及利亚、亚美尼亚、阿塞拜
疆、保加利亚、塞浦路斯、格鲁吉亚、希腊、印度、伊朗、
伊拉克、以色列、约旦、哈萨克斯坦等

保护级别: 濒危（EN）（IUCN标准）

白头硬尾鸭：有人在破坏我们的家园

人类朋友：

你们好！

我是一只白头硬尾鸭，是世界级濒危物种。大名鼎鼎的唐老鸭的原型就是我们白头硬尾鸭，目前全球数量不足1万只，整个新疆也就100来只。我家在离乌鲁木齐市西南10千米左右的雅玛里克山下一个小小的湖泊上。严格说来，它算不上一个真正的湖泊，面积很小，步行2小时足以绕湖一周，也没有外来的河流注入。这里是我们在中国的唯一繁殖地，除了我们家族，这里还栖息着150多种鸟类。

我们之前主要生活在欧洲，在西亚和北非越冬，很少到中国来。一个偶然的机会，我们家族在迁徙的过程中发现了新疆乌鲁木齐附近的白湖适合生存，于是我们就举家迁徙到白湖生活。这里虽然距离城市很近，但是却是一块风水宝地。白湖的西南两侧被山体环绕，山虽不高，但山体的存在为我们的生存提供了天然的屏障，为鸟类提供了更多的生存空间，使鸟类觉得这里更安全。除了山体，附近还有牛魔湖、红岩水库。众多水体互为犄角，使得这里成了我们旅行途中最好的中转站。如果只是一个孤零零的白湖，也不会吸引这么多鸟类在此落脚繁衍。除位置优越外，白湖四周浅中间深。中间的深水处适合水鸟躲避天敌，四周

白头硬尾鸭（张建波　绘）

的浅水处则为藻类植物、一些水生生物的生长提供了得天独厚的条件，而这些藻类植物和水生生物又为我们的生存提供源源不断的食物。此外湖的四周还有大片的芦苇。如果说，湖面是我们觅食活动的场所，那么岸边的芦苇就是我们赖以生存的家，我们把巢筑在那里，在那里繁殖，在那里成长。当外敌来犯或受到某些好事之徒的干扰时，芦苇地便成为我们最好的躲避场所。

当然，光有这些还不够，还有一位无名英雄在背后默默地付出，正是它无私的付出，才孕育出这里的一切。它不像四周的山体那么伟岸，也不像湖面的芦苇那么惊艳，可是它始终默默地为这里的一切贡献自己的力量。它就是白湖地下泉水，白湖的生命之源。白湖不像外流区的湖泊有降水和河流注入，也没有高山积雪融水的补给，地下泉水成了这里生命的守护者。

2007年，我们在白湖的家族成员有45只，此外这里还生活着我们的小伙伴们，如绿头鸭、赤膀鸭、黑水鸡、凤头麦鸡、金眶鸻、黑翅长角鹬……

可是，随着人类在白湖周围的开发，我们的生活环境遭到严重破坏，我们的家园一点点地被蚕食。现在白湖的西侧建了一片采石场，每天都有好多卡车呼啸而过，每次它们路过湖中大桥时都能引起我们的恐慌；南侧牛魔湖方向是相关机构的拓展训练基地；西南侧已经没有出路；而东侧更残酷，石料加工厂在高速运转，废物处理厂已经蓄势待发；北侧一幢幢高楼拔地而起，人类要在这里建设生态小区。

白头硬尾鸭

我不明白你们人类文明发展到今天为何容不下一个小小的白湖，人与自然和谐相处的口号为何在经济的车轮下显得如此的脆弱。白湖已经四面楚歌，我们危在旦夕，我不敢想象它的未来。或许不久，这里会成为人们休闲娱乐的水上乐园，亦可能会成为所谓的观鸟圣地。2007年我们的家族有45只，截至2020年仅存9只。白湖湿地是我们在中国最重要的分布区和繁殖地。

　　若干年后，人们只知道这里曾经是一片荒芜的湖泊，如今成为人类繁华的延续，届时所有的人都会沉浸于人类改造自然的伟大创举中。还有谁会记得，这里曾经是一片美丽的湖泊，这里曾经有150多种鸟类。若干年后，当中国的动物学家不远万里跑到欧洲去参观白头硬尾鸭的时候，会不会想起这小小的白湖。

中文学名: 豺

拉丁学名: *Cuon alpinus*

体型: 体长85～130厘米,尾长45～50厘米;体重15～32千克

特长: 抗寒亦耐热,团体协作性强

食性: 以动物性食物为主,兼食植物

活动区域: 中国、印度、哈萨克斯坦、马来西亚等

保护级别: 濒危(EN)(IUCN标准)

豺：别再把我们跟狼混为一谈

人类朋友：

你们好！

我是一只豺，我代表豺群给你们人类写一封信，特向你们声明一个事实：明豺不做暗事，2018年8月围攻人类的是我们豺不是狼，请你们别再把我们跟狼混为一谈。事情的起因如下：

2018年8月，国内某网站发布了一则标题为《瘆人！汽车深山抛锚工人遭10只豺狼围攻追跑2里地》的视频。原来，原始视频里工人把遇见的豺当成了狼，到了某网站这边则变成了豺狼。

很多时候，人们把我们和狼混为一谈，其实我们豺与狼的区别还是很大的。从外貌到习性，豺与狼有着诸多明显的不同。

一是从分类上看，豺是豺妈妈生的，狼是狼妈妈生的，根本不一样。豺属于犬科豺属下的唯一物种，狼属于犬科犬属，根本不是同属的。

二是从外观上看，豺就像狼和狐狸的结合体，个头比狼略小。豺的躯干和四肢结构更像猫科动物，相比狼，我们行为更加敏捷。

三是豺与狼虽然都是群居动物，但是豺比较散漫，而狼的等级更加森严。豺群中没有豺王，我们更像是搭伙过日子，逮到猎物之后一起分享。而狼群中个体的角色、等级更加明显，捕到猎物后进食往往有一定

被救助的豺（马鸣　摄）

的先后顺序——"老大"（狼王）先吃。狼群中处于首领地位的狼王很容易识别，它们往往个头更大。而豺群中首领却很难识别，它不会表现出"老大"的气势，尽管其他成员也会顺从它。

四是豺与其他犬科动物不同，我们往往不会标记自己的领地。而狼的领域性很强，通常会用尿液或其他痕迹来标记领地。

五是豺群中可能包含一个以上的繁殖雌性，而狼群中往往只能有一只可以繁殖的成年雌性。

不论是文学描述还是民间演绎，人们都经常把豺和狼混在一起，感觉我俩是形影不离的搭档。其实，豺与狼从来就不是搭档，更不会合作，我们之间是竞争关系。豺与狼的主要猎物都是中小型的有蹄动物和啮齿动物，并且我们都是群体合作捕猎。因此，豺和狼通常不得不竞争。除非在食物极为丰富的情况下，豺和狼才可以共存。即便如此，豺和狼也是分地盘的。因此，像新闻中出现的豺和狼一起来的情况，在野外几乎是不存在的。

你们人类汉语中有一个成语"豺狼虎豹"，很多人可能不理解，为何把豺放在第一位？这还得从我们豺的惊人战斗力说起。由于生存压力大，豺群比较具有社会性，但等级没有那么严格，我们的社会结构非常类似于非洲野犬。

在开始狩猎之前，豺群会进行一个"社交仪式"，成员之间会互相触碰鼻、摩擦身体等。在追击猎物时，我们有着密切的配合，会分批次投入战斗，往往几只豺在追逐猎物，而其余成员则躲藏起来，或保持稳定的步伐节省体力。前面的豺追捕累了，后面的豺轮番接管，直到将猎物擒获。一旦大型猎物被捕获，一只豺会抓咬猎物的鼻子，而其余成员则通过侧翼和后翼将猎物撂倒。

历史上，我们豺的分布非常广泛，如今全球75%的豺已经从其原有分布地消失了。曾经老一辈拿来恐吓小孩的豺，据我了解，现在已快成为传说。以中国南方地区为例，30年前豺还是一种常见动物。如今，在四川的9个国家级自然保护区中，没有一个保护区在15年内记录和拍摄到我们的同类。而观察到豺的记录，则是15年前的事了。

尽管我们豺在中国依旧是国家二级保护动物，却早已是世界濒危物种。世界自然保护联盟（IUCN）把豺列为濒危动物，目前全球只有4500～10500只豺。能在野外一次见到10只豺，可想而知其难度之大和运气之好。

我们豺的大规模减少主要原因在于猎杀、栖息地破坏及传染病。栖息地破坏这个无须多讲，随着人类活动的扩张，大多数动物的栖息地都在锐减。关于猎杀，这里中医还得"背锅"，豺皮远远没有狼、豹和虎等兽类的皮值钱。然而，豺皮（肉）却是一味中药。《唐本草》中记载："豺皮主冷痹脚气，熟之以缠病上，瘥止。"中医认为，豺皮（肉）有补虚消积、散瘀消肿的作用，可以治疗虚劳体弱、食积、跌打瘀肿、痔瘘等。因此，有了巨大的市场，自然有人想方设法猎杀豺。此外，豺很容易受不同疾病的影响，特别是在与其他犬科动物共同生活的区域，豺可能会感染狂犬病、犬瘟热等。我怀疑，最近20年中国南方豺种群断崖式下降，很有可能是突然感染了某种疾病。

　　那则新闻中报道的10只豺，对于豺保护而言无疑是一个好消息，让我们非常振奋。这意味着20多年来的保护见到了成效。但是，我还是要再次强调，我给你们人类普及了这么一大段有关我们豺的科学知识，目的是，麻烦你们别再把我们跟狼混为一谈了。

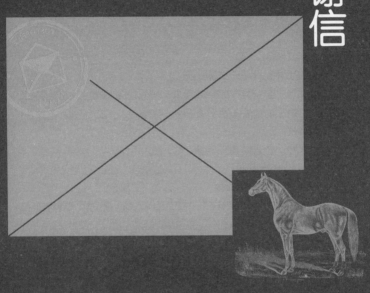

第五部分
感谢信

人类进行自我反思后，开始认识到野生动物在整个生态系统中的作用，于是各个国家都出台了野生动物保护法。中国于1989年颁布了《中华人民共和国野生动物保护法》，对野生动物的保护进行有效管理，我们的命运因此而改变。动物也懂得感恩，我们中得到保护的动物给人类寄出了一封封感谢信。

★ 野生动物身份证 ★

中文学名：朱鹮

拉丁学名：*Nipponia nippon*

体型：雄性体长78.3～79厘米，雌性体长约68厘米；雄性体重约1.8千克，雌性体重约1.5千克

特长：无

食性：主要以小鱼、泥鳅、蛙、蟹、虾、蜗牛、蟋蟀、蚯蚓、甲虫、半翅目昆虫、甲壳类以及其他昆虫、昆虫幼虫等无脊椎动物和小型脊椎动物为食

活动区域：曾广泛分布于中国东部、日本、俄罗斯、朝鲜等地

保护级别：濒危（EN）（IUCN标准）

朱鹮：感谢人类挽救了我们的家族

人类朋友：

　　你们好！

　　我们是朱鹮，我们以稀少的数量和美丽的形态闻名于世，是亚洲地区特有的珍贵涉禽。曾几何时，我们朱鹮家族兴盛一时。据文献记载，我们在历史上属广布种，广泛分布于亚洲东部，北起西伯利亚布拉戈维申斯克，南到中国台湾，东至日本岩手，西抵中国甘肃，都有我们的身影。在中国境内，我们广泛分布于东北、华北、华东、华南及中西部地区，共有15个省市曾有过朱鹮分布的记录。

　　造物主赋予每一个物种出现的机会，必定给予它们生存的理由。我们的家族是历经几千万年而进化出来的物种，经历过沧海桑田，也见证了地老天荒……大自然的种种磨难，都挡不住我们求生的渴望。然而，我们面对工业文明的进程，却渐渐地失去了昔日生命的顽强。

　　随着人类活动对生态环境的迅速改变，我们的数量自19世纪后逐渐减少。20世纪中期以来，由于环境破坏加剧，加之食物资源缺乏、捕猎、营巢树木缺乏以及湿地面积缩小等原因，我们的数量急剧下降。1963年以来俄罗斯一直没有朱鹮的记录，朝鲜半岛的最后一次记录是1979年在"三八线"非军事区见到1只，仅知日本有6只存在。中国是我

们的主要历史分布区，原有迁徙、留居两个类型。然而，因我们不能适应生态环境的迅速变化，分布范围迅速缩小。事实上，自1964年后我们就已经消失在人类的视野，距离灭绝也只有一步之遥。

关键时刻，中国的科学家们不抛弃、不放弃，在全国范围内开启了拯救我们家族的行动。1978—1981年，中国科学院动物研究所对辽宁、安徽、江苏、浙江、山东、河北、河南、陕西、甘肃等9个省有关地区进行了历时3年的调查。老一辈的科学家们风餐露宿，历经千险，排除万难，终于在1981年6月23日、30日在秦岭洋县境内金家河及姚家沟的海拔1200～1400米处，发现了我们家族的成员——2对朱鹮成体、3只朱鹮幼体。面对如此稀少的种群数量，只要还有一线希望，他们就不会放弃！

为了拯救我们仅存的家族成员，中国各级政府和研究管理部门先后采取了一系列保护拯救措施。如就地保护，即在我们的自然栖息地内开展保护工作，拯救和恢复野生种群，这是最重要、最有效的方式。在保护过程中，保护野生种群及其栖息地尤为重要。自1981年重新发现我们的野生种群以来，政府加大就地保护措施，并取得显著成效。2005年经国务院批准，成立了陕西汉中朱鹮国家级自然保护区。

在就地保护的同时，异地保护（将濒危物种的部分个体转移到人工条件比较优越的地方，通过人工饲养繁殖的方式保存并建立一定规模的、健康的人工种群）也不断展开。1981年5月，随着我们家族的1只朱鹮雏鸟被送到北京动物园进行人工饲养，人类开始建立第一个朱鹮人工

朱鹮（赵序茅　摄）

种群。1989年，世界上首次人工繁殖朱鹮在北京动物园获得成功。截至2005年6月底，中国人工饲养的朱鹮数量已达424只。不仅如此，中国的经验和技术还被引进到日本。1998年和2000年，中国政府先后将3只朱鹮赠送给日本。与此同时，中国还专门派出技术人员到日本传授朱鹮的人工繁殖技术，在日本佐渡朱鹮中心建立起新的朱鹮人工种群。中日两国对我们家族的保护已成为世界濒危物种保护和国际合作的一个成功典范。

好消息还在继续，随着我们人工种群的日益充足，让人工种群回归自然的时机已经成熟。2004年10月，陕西洋县华阳镇开展了朱鹮饲养个体的野化放飞实验。我们的12只人工饲养的成员被释放到野外，并对其中5只进行无线电遥测跟踪。截至2005年6月底，除3只失踪外，其余9只都已适应野外环境。

经过多年的努力，在人类的保护下，我们的家族得以保存和壮大。我们的野外种群数量已经由1981年的7只发展到现在的上千只，分布范围也从洋县扩展到周边的城固、西乡、汉中、南郑和勉县等多个县市。

最后，真心地感谢人类对保护我们家族所做出的努力和贡献，希望我们能成为人与动物和谐共存的新典范。

求爱中的朱鹮

★ 野生动物身份证 ★

中文学名: 大熊猫

拉丁学名: *Ailuropoda melanoleuca*

体型: 头体长1.2~1.8米,尾长10~12厘米;体重80~120千克,最重可达180千克

特长: 善爬树,爱嬉戏

食性: 吃竹子为生

活动区域: 中国

保护级别: 易危(VU)(IUCN标准)

大熊猫：我们将如何面对人类

人类朋友：

　　你们好！

　　我们就是你们熟悉的大熊猫，住在陕西秦岭和四川岷山。很多人见到我们的第一眼就会被我的形象萌翻，其实那是你们人类的误解，我们大熊猫的长相可不是为了卖萌的。我们黑白的"衣服"是正宗的"野外迷彩服"，是长期适应本地森林环境进化的结果。我们身体上黑色的毛发利于夏季在冷杉林、竹林中隐藏，而白色的毛发则可以在下雪天发挥隐身作用。在你们人类看来，我们的"熊猫眼"比较可爱。可是在动物界，那是猛兽的象征，我们的面部表情颜色对比明显可以起到恐吓的作用。此外，我们面部的黑白相间的毛色也可以作为彼此间交流沟通的信号。

　　然而，我们大熊猫可不都是黑白相间的。你们想象不出我们没有熊猫眼会是什么模样吧。2019年5月25日，四川卧龙国家级自然保护区管理局在野外发现了白色大熊猫。有网友戏称，这只大熊猫出门忘记戴太阳镜了。实际上，这远比忘记戴太阳镜的影响大。这只大熊猫为何是全白的呢？动物的毛色受到基因的影响、控制，而基因的表达非常复杂，并且会受到酶的影响。白化动物体内是缺少了一项重要的物质——酪氨

大熊猫（汶川草坪国家级自然保护区　提供）

酸酶。酪氨酸酶可以帮助动物体形成黑色素，一旦缺少酪氨酸酶，正常的黑色素便无法形成，就会形成白化现象。在人类眼中，突然出现的白化大熊猫，成为万众瞩目的对象，可是对于它本身而言，这不是一个好兆头。一般而言，动物的体色和生存的环境是相互依存的，也就是所谓的保护色，可以很好地隐藏自己，避免天敌的袭击，或主动出击躲过猎物的眼睛。而白化的个体的体色与周围的环境格格不入，无异于将自己暴露在大庭广众之下。

　　另外，再告诉你们一个小秘密，我们大熊猫拉出的便便不仅不臭，反而有一丝竹香，不信可以去闻一闻。这主要是由我们独特的消化系统决定的。我们原是食肉动物的身体和消耗系统，却以竹子为食。而竹子是一种高纤维低营养的食物。对比取食富含纤维素食物的食草动物，它们的肠道很长，内有消化纤维素的共生菌，而我们的肠子很短，无法分泌消化竹纤维的消化酶，我们消化竹纤维得益于体内的微生物。尽管如此，我们对竹子的消化利用率仍然很低，只有17%左右。对此，中国科学院动物研究所魏辅文院士领导的研究团队对我们的觅食和营养利用策略进行了长期的跟踪研究，揭示了我们大熊猫与其他哺乳动物相比，全年取食食物的营养组成比（能量比）与食肉动物的更为接近，蛋白质为我们提供了一半左右的能量来源，这显著有别于其他植食性动物。

　　为了维持能量，我们大熊猫只得不停地吃、吃、吃，同时也排出大量消化不了的纤维素，这就是我们粪便不臭的原因。而我们的食量又大，偷偷地告诉你们，我曾经的同伴，现在做客于美国亚特兰大野生动物园的大熊猫伦伦和洋洋每周要吃掉整整180千克新鲜竹子。而这些竹子大多需要从国内空运，花费可想而知。

我们原本过着无忧无虑的生活，但是人类的干扰改变了我们生命的进程。1949年后，大规模的原始森林遭到砍伐，我们失去了赖以生存的家园，而我们食性极为单一，生存举步维艰，走到了灭绝的边缘。这是人类第一次改变了我们的命运，并且这种影响是决定性的。在当时的情形下，如果不加以保护，我们的灭绝只是时间问题，要知道历史上因人类活动而导致的物种灭绝例子不胜枚举。

识迷途而未远，觉今是而昨非。一些国内外科学家认识到了形势的严峻，他们为保护我们而奔走呼吁。在胡锦矗、潘文石等老先生积极努力的推动下，在大家的共同努力下，对我们的保护得到重视，被提到国家层面，我们最终成为中国国宝。为了保护我们，国家可谓是下了血本，1990—2010年，国家先后拿出3万多平方千米的土地建立了67个自然保护区来保护我们，每年花在我们身上的资金也巨大。我们的命运由此迎来转机，我们赖以生存的家园得到保护，种群得到恢复。2017年，世界自然保护联盟将我们由濒危等级下调到易危，这是多年来大家努力保护的结果。不仅如此，作为旗舰保护物种，在我们生存环境下的其他珍稀动物也一并得到保护。

我们是幸运的，由于人类及时觉醒，挽救了我们的命运，我们应该感谢人类。与此同时，还有一些和我们一样濒危的物种，它们的家园被破坏，它们的种群被屠杀，可是对它们的保护力度却远远不如我们，命运和我们截然不同，比如伊犁鼠兔、绿孔雀、穿山甲、黄胸鹀（荷花雀），同样是大自然的物种，我们恳请人类能够一并保护它们。

会"功夫"的大熊猫

中文学名： 狗獾

拉丁学名： *Meles meles*

体型： 体长50～70厘米；体重5～10千克，最重者可达15千克

特长： 善挖洞

食性： 杂食

活动区域： 欧洲和亚洲大部分地区

保护级别： 无危（LC）（IUCN标准）

狗獾：还记得鲁迅笔下的"猹"吗

人类朋友：

你们好！

我们是狗獾。我本来就是一种不起眼的小动物，能引起你们人类的注意，还得拜大文豪鲁迅先生所赐。鲁迅先生的短篇小说《故乡》中"猹"的原型就是我们。

注意，"猹"是鲁迅先生自己起的名字，并不是我们的学名，看看课文的注释就明白了。鲁迅先生笔下的猹会半夜偷西瓜，原文是这么写的：

闰土又对我说："现在太冷，你夏天到我们这里来。我们日里到海边捡贝壳去，红的绿的都有，鬼见怕也有，观音手也有。晚上我和爹管西瓜去，你也去。"

"管贼吗？"

"不是。走路的人口渴了摘一个瓜吃，我们这里是不算偷的。要管的是獾猪，刺猬，猹。月亮地下，你听，啦啦地响了，猹在咬瓜了。你便捏了胡叉，轻轻地走去……"……"它不咬人吗？""有胡叉呢。走到了，看见猹了，你便刺。这畜生很伶俐，倒向你奔来，反从胯下蹿了。它的皮毛是油一般的滑……"

觅食中的猪獾

大家学过这篇课文之后，一说到"猹"就想到晚上偷西瓜，害我们狗獾躺枪！今天就来给大家做做系统的自我介绍吧。

我们狗獾是食肉目鼬科的一种杂食性动物。我们鼬科的动物名字中带有獾的还有美洲獾、蜜獾、狼獾等。我们狗獾的体型很小，成年后体重5～10千克，体长50～70厘米。

我们鼬科的家族成员种类很多，包括蜜獾、鼬獾、猪獾、臭獾等。

很多人把狗獾和猪獾混淆，因为我们是亲戚，长得像是自然的。但是，我们还是有很大区别的：第一，猪獾的鼻子像猪的，狗獾的鼻子像狗的；第二，猪獾的下巴是白色的，狗獾的下巴是黑色的。

我们狗獾是杂食动物，能捕猎动物吃，也吃植物性食物，主要以蚯蚓、青蛙、蜥蜴、泥鳅、黄鳝、甲壳动物和昆虫为食。由于我们家族觅食有掘土行为，对庄稼有一定的危害，当然也包括食用人类在田里种的西瓜。再强调一下，我们是杂食动物，不会专门偷西瓜。

当然，现实中我们狗獾也是一种夜行性动物，白天躲在洞穴中休息，晚上出来觅食。这一点跟《故乡》中的猹是一样的。

这里可能会有人问："文章的描述也符合猪獾的行为特征啊，凭什么就说猹是你们狗獾呢？"

关键是人家鲁迅先生写得清清楚楚："要管的是獾猪，刺猬，猹。"此处的獾猪就是猪獾。我们狗獾有着灵敏的嗅觉和善于挖掘的前爪，我们的前爪有5个超长的指甲，虽然并不锋利，但是粗壮结实，适于挖掘。平时我们是通过嗅觉发现食物，然后用爪子把食物挖出来。

我们狗獾视力不好，会经常对食物"视"而不见。如果不想饿肚子就要靠鼻子嗅闻，通常我们会在一个区域兜兜转转，这样可以更好地发现食物的气味。一旦发现食物，我们会继续用鼻子在不同的位置嗅闻，这样做的目的是锁定食物的精准位置，提高觅食的效率。

　　鲁迅先生的小说《故乡》提到，闰土说猹不仅会半夜偷西瓜，而且性情凶猛，要拿胡叉对付。

　　当我们遇到危险时，常将前脚低伏，发出似猪叫的凶残吼声，同时能挺立前半身，以牙和利爪做出攻击动作。这样在一些人类眼中，我们狗獾就成了性情凶猛的"小怪兽"。

　　其实我们的战斗能力很差，就是听觉灵敏了那么一点，可以隔着老远就能听到人的脚步声。

　　可是有的人往往对我们很不友好，动不动就亮出胡叉这样的武器，而且还比我们跑得快，那我们能怎么办呢？只能用突然大叫或者御敌姿态去试图吓退他们，并趁机逃跑。其实，我们只是吓人而已，没有什么真正的杀伤力。

　　在这里，我们要为自己以及我们的表亲猪獾说一句公道话。其实，长期以来人们把我们当成害兽，这是不公平的。我们承认我们会偶尔祸害一下人类种的庄稼，但那是有苦衷的。我们在冬眠前需要积蓄大量能量过冬，否则就会饿死、冻死。而此时正是庄稼成熟的时期，对我们而言这是难得的诱惑。你们想想，任何野外的食物都不如人类种植的庄稼好，尤其是玉米，那是我们的最爱。

还有，我们也不是非得吃庄稼，庄稼地里的蠕虫其实更香。只是，我们挖虫的时候会破坏庄稼，尤其是对土豆造成一定的影响。其实，我们把害虫吃掉，对人类的农作物是有好处的，只不过我们的觅食方式给人类带来误解，有时甚至把自己的命也搭上。

　　而且，我们原本觅食的土地，很多都被你们人类开垦成了农田，就算我们想去别的地方觅食，也很难找得到了。

　　好在人类也开始反省过去对我们那种粗暴的做法。2019年4月，在上海一处工地的施工过程中，发现荒地中生活着我们狗獾，人们为了保护我们竟然暂时停工了。不得不说，这是人类生态文明的进步。对于人类的做法，我们狗獾家族表示深深的感谢，希望你们一直坚持平等对待我们野生动物。

中文学名： 普氏野马

拉丁学名： *Equus ferus*

体型： 体长约2.1米，肩高约1.1米，尾长约0.9米；体重约350千克

特长： 性机警，善奔跑

食性： 以荒漠上的芨芨草、梭梭、芦苇、红柳等为食，冬天能刨开积雪觅食枯草

活动区域： 中国、白俄罗斯、德国、哈萨克斯坦、立陶宛、波兰、俄罗斯、乌克兰、蒙古

保护级别： 濒危（EN）（IUCN标准）

普氏野马：感谢你们带我们回家

人类朋友：

你们好！

当你行驶在卡拉麦里南部的戈壁时，可以看到一群似马非马、似驴非驴的有蹄动物，三五成群，或觅食，或奔跑。那就是放归后的我们——普氏野马。我们体型健硕，体长约2.1米，身高1米以上，体重约350千克；形似家马，但额头没有"刘海"，鬃毛短而直立，马尾呈束状；四肢短粗，常有2～5条明显的黑色横纹，小腿下部呈黑色，俗称"踏青"腿。提到我们普氏野马，那可大有来历。

10世纪时，西藏的僧人就描述过我们。据《蒙古秘史》记载，在1226年左右，成吉思汗的坐骑曾被一群普氏野马惊翻。我们为何被称为普氏野马，这还要从我们被发现说起。19世纪后半叶，俄国军官普热瓦尔斯基率领探险队先后三次进入新疆，在准噶尔盆地奇台至巴里坤的丘沙河、滴水泉一带采集到了野马标本，并将捕获的野马驹运回圣彼得堡，交由圣彼得堡科学院动物博物馆研究。俄国学者波利亚科夫在1881年正式将野马标本定名为普氏野马，这就是我们名字的由来。

100多年前，我们成群结队驰骋在广阔的戈壁上。19世纪末至20世纪初，来自英国、俄国、法国、德国等国家的探险队大规模捕猎我们，并进行圈养。到20世纪60年代，我们在蒙古国的野外族群灭绝了，奔腾在国内准噶尔荒原上的最后的族群也销声匿迹了。如今仅存的普氏野马都是19世纪末至20世纪初，被英国、俄国、法国、德国等国家的探险队捕抓和圈养的。

在第二次世界大战之前，世界上圈养的普氏野马有40~50匹，分布在15~20个动物园和私人庄园里。我们仅余的血脉在异国他乡的动物园里流浪。

欧洲动物园里圈养的普氏野马，经历了第二次世界大战后，仅有31匹存活，其中只有12匹成功繁衍，有1匹还被怀疑是普氏野马和蒙古家马杂交的后代。1947年，人们在蒙古国西部捕获1匹有生殖能力的雌性野马，送往乌克兰的动物园饲养。现今全球圈养和野外的野马都是这13匹野马的后代。

1977年，普氏野马保护基金会成立，在其帮助下，第一批共16匹普氏野马在1992年被放归蒙古草原。中国政府从1986年开始规划"野马还乡"工作，使11匹普氏野马从遥远的欧洲回到阔别已久的家乡。到2000年，在新疆吉木萨尔的普氏野马繁殖研究中心，我们的数量已超过百匹，野外放生的时机已经成熟。从2000年5月起，动物及环境专家经多次勘测，将新疆卡拉麦里山有蹄类野生动物自治区级自然保护区北部的乌伦古河南岸，距普氏野马中心以北20千米的一片面积达数万平方千米的戈壁草原确立为放归点。而在100多年前，这里是我们普氏野马的最后消失地。专家认为，普氏野马从这里回归自然恢复野性的成功率可能

普氏野马（陈晓东　提供）

会高一些。2001年，第一批流浪在异乡的27匹普氏野马的后代终于迈出了走进准噶尔荒原的第一步，它们在卡拉麦里的恰库尔图镇小心地向外扩展着本应熟悉的领地。至此，普氏野马故乡结束了无普氏野马的历史。

　　现在，生活在新疆卡拉麦里山有蹄类野生动物自治区级自然保护区的我们，等到3岁以后，就会被放归到大自然。不用人类调教，放归后的我们很快便会组建自己的家庭。一个野马家庭由1匹公马、1～3匹母马以及它们的小马驹组成。家庭可以组成更大的马群，以强壮的雄马为首领，结群5～20匹，过着游移生活。幼马长到3岁左右成熟后，母马离开原家庭，加入另一个家庭繁衍后代；而公马加入"单身汉"家庭，继续

普氏野马一家子

生活1～2年。公马5岁左右建立种群，为此它们必须打败一个种群的公马，或从一个种群中偷取一匹或多匹母马。有时，它们也与还未找到种群的小母马建立新的种群。

我们普氏野马重回准噶尔荒原，面临的最严峻生存问题就是能否在干旱的夏季找到水源，在严寒的冬季抵抗寒冷。显然，我们从祖辈那里继承的基因，给了自身足够的适应能力。放归后的我们耐渴能力很强，可以忍受3～4天不喝水。我们的嗅觉也异常发达，可以在风中辨别水的气息，从而找到荒漠中还未干涸的水洼。到了冬季，我们的毛发长得又长又粗，像是穿上一件厚重的毛衣。我们生性善于奔跑，辽阔的卡拉麦里荒漠才是我们纵横驰骋的舞台。

我们以荒漠上的芨芨草、梭梭、芦苇、红柳等为食，冬季能刨开积雪觅食枯草。群体中的个体之间在进食之后常互相清理皮肤，轻轻地啃舐对方的鬐甲、肩部、背侧、臀部等。有时也进行自身护理，如打滚、自我刷拭和驱散蚊蝇等。我们借助声音、气味和抿耳、刨地、啃拭等行为进行交流。不过，我们也面临着一些问题，如经过人工繁殖这么多代，我们的基因是否严重退化。除此之外，人类的干扰也使我们容易家化，我们和家马杂交繁殖的情况也无法避免。我们普氏野马何去何从？唯有时间能见证。

不过，不管未来如何，我还是要代表我的族群感谢那些帮助我们回家的好人，没有你们，我们还将四处飘零；而回到家，则意味一切有了新的开始。

★ 野生动物身份证 ★

中文学名： 粉红椋鸟

拉丁学名： *Sturnus roseus*

体型： 成鸟体长19～22厘米；体重60～73克

特长： 善飞行

食性： 以蝗虫为主食

活动区域： 主要分布于欧洲东部至亚洲中部及西部

保护级别： 无危（LC）（IUCN标准）

粉红椋鸟：感谢人类的引鸟工程

人类朋友：

　　你们好！

　　我们是粉红椋鸟，主要在新疆繁殖。我们的外形似八哥，中等体型，繁殖期雄鸟羽亮黑色，背、胸及两胁羽毛粉红色；雌鸟羽毛图纹相似但较黯淡。幼鸟上体皮黄色，两翼羽及尾羽褐色，下肢色浅，嘴黄色。每年5—6月，我们就会成群结队地迁飞至新疆繁殖，先在食物丰富的低山地带落脚，然后集群占据石头堆、崖壁缝隙等处作为巢址。为了争夺有利地势，雄鸟之间经常发生激战，此时它们头顶羽毛蓬展，用以恐吓其他雄鸟并吸引雌鸟。通过数日的选配，最终组建成一夫一妻制的家庭，开始共同筑巢繁育后代。

　　新疆地处干旱区，草场众多，畜牧业历史悠久，既是农业的基础，也是广大市民的肉食之源。过去，人类为了对抗蝗虫可谓绞尽脑汁，建设兵团甚至出动飞机来喷洒农药。喷药虽然短时间抑制了害虫的暴发，但是残余的农药破坏了环境、水源，对我们的家族造成了毁灭性的灾难。其实，蝗虫是粉红椋鸟夏季的主要食物，我们完全可以帮助人类对抗蝗虫。在我们育雏期，成鸟每天能捕捉300～400只蝗虫，进食数量在120~170只，进食的总重量甚至超过体重。除了吃蝗虫，我

粉红椋鸟

们还捕食蝗斯、甲虫、蟋蟀、地老虎、家蚕、蚱蜢等多种昆虫。可是人类之前没有意识到这一点。后经过科学家长期的观察，终于发现了我们的价值。

人类发现这一情况后，主动在草原上为我们搭建了一座座漂亮的房子，有计划地给我们创造栖息繁殖的场所。仅仅在乌鲁木齐南山冬牧场就修建椋鸟石巢13300立方米，砖巢5栋。据说通过几年草原蝗灾生物治理工程的建设，不仅使蝗情控制在最低水平，还消除了农药对草地的污染，有效地维护了草地生态平衡，我们成为当地消灭蝗虫的主力军。此后我们和人类建立了友好互助的关系。

更让我们感动的是，2018年5月国道218线墩麻扎至那拉提高速公路的施工要经过我们家族的孵化区。如果继续施工，会导致我们弃巢，幼鸟惨死在挖掘机下，很可能导致本年度粉红椋鸟数量的大幅减少，这会对当地害虫控制造成不良后果，导致蝗虫大量出现，对农业经济造成不良影响。

为了保护我们的繁殖区，"荒野新疆"的志愿者们纷纷奔走呼救，"荒野公学"的新浪微博账号"守护荒野"发布了一则以"紧急！"为开头的微博，2天内此条微博的转发量超过400万次。他们还发布《关于粉红椋鸟繁殖区关键哺育时间段保护建议》，建议施工方立即停工，并在巢区附近做简易围网，悬挂警示标语。

在众人的帮助下，施工队暂时停止了施工。全长200多千米的国道218线墩麻扎至那拉提高速公路工程，有300米被小心翼翼地用防护网和

粉红椋鸟群（黄亚慧　摄）

标志牌隔离出来，那便是我们粉红椋鸟的"特区"，那里没有机器的轰鸣，只有鸟儿的啼叫。

最后，再次感谢人类对我们的帮助，我们希望与人类能成为和谐互助的典范。

第六部分
求救信

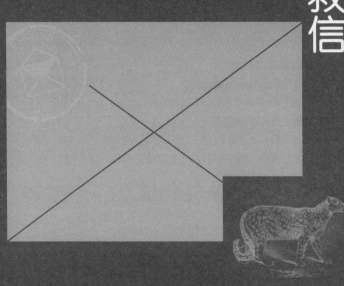

　　当前有大多数野生动物得到了保护，但也有部分野生动物由于人类的开发，家园遭到破坏，这其中还不乏一些珍稀濒危的动物。解铃还须系铃人，为了生存，这些野生动物只得给人类写信，向人类求救，希望引起人类的重视，还它们一片生息之地。

中文学名：绿孔雀

拉丁学名：*Pavo muticus*

体型：体长1.8~2.3米

特长：善奔走，性机警

食性：较杂，主要吃川梨、黄泡果实、幼树枝叶和芽苞、蘑菇、草籽、豌豆、稻谷等植物，也吃蚱蜢、蟋蟀、蛾、白蚁、蜻、蚯蚓、蜥蜴、蛙等动物性食物

活动区域：中国、柬埔寨、印度尼西亚、老挝、缅甸、泰国、越南

保护级别：濒危（EN）（IUCN标准）

绿孔雀：保护我们最后的家园

人类朋友：

你们好！

我们是绿孔雀，很多朋友都知道我们孔雀家族，现在亚洲的孔雀有蓝孔雀和绿孔雀两种。蓝孔雀分布在印度和斯里兰卡，绿孔雀见于中国、缅甸、孟加拉国、泰国、马来西亚以及中南半岛的其他国家和印度尼西亚的爪哇等地。中国本土的孔雀都属于绿孔雀，目前仅分布于云南省西南部。虽然，我们是咱们中国土生土长的孔雀，可是现在各个公园里你们能看到的绝大多数是蓝孔雀，我们绿孔雀家族已经岌岌可危，据估计目前数量不足500只。不过，在古代，我们绿孔雀的数量却非常多。据《南方异物志》记载："孔雀，交趾、雷、罗诸州甚多，生高山乔木之上。大如雁，高三四尺，不减于鹤。细颈隆背，头戴三毛长寸许。数十群飞，栖游冈陵。晨则鸣声相和，其声曰都护。"古人对我们绿孔雀非常熟悉。清代的刘世馨根据他在岭南多年的经验，写了一部《粤屑》，书中记载广西钦州一带的人民多饲养孔雀。可是怎样找小孔雀呢？办法就是到深山中去寻找孔雀蛋，带回后借由母鸡孵化，一般经过48天（孔雀实际孵化期为26～28天），小孔雀就破壳而出了。初生的小孔雀，开始饲以蚂蚁卵，3天后便可像小鸡一样饲养。随着它的

绿孔雀

绿孔雀

成长，小孔雀的头上会慢慢长出翎冠。此外，书里还谈到，广西钦州一带有的人家饲养孔雀几十只，当成群的孔雀在空中飞翔时，可谓光彩夺目。

可惜人类很难见到我们绿孔雀开屏，中国本土的绿孔雀已经岌岌可危，只有少数生存在云南境内，境遇也不容乐观。与绿孔雀的遭遇大相径庭，引进的蓝孔雀却在中国开枝散叶，家族不断壮大。我们不知道这是一种怎样的悲哀和无奈，难不成动物界也是"外来的和尚好念经"？

如今，我们最后的栖息地正在不断被破坏。人类当前投资10亿元在云南戛洒江建立一座水电站，那里是我们绿孔雀在中国最后一片面积最大、最完整的栖息地。对于人类而言，这个项目投资巨大，一旦搁浅，会造成巨大的损失。可一旦水电站建成之后，我们最后的家园可能就不复存在了，我们仅存的家族余脉也会遭受灭顶之灾。

在自然保护者的积极奔走呼吁下，水电站的项目暂时停止。2020年3月20日，昆明市中级人民法院对云南绿孔雀公益诉讼案做出一审判决：被告中国水电顾问集团新平开发有限公司立即停止戛洒江一级水电站建设项目，不得截流蓄水，不得对该水电站淹没区内植被进行砍伐。但是，目前该项目只是暂时停工，并未被永久停工。因此，我们恳请人类救救我们，保住我们在中国最后的家园。

中文学名：亚洲象

拉丁学名：*Elephas maximus*

体型：体长5～6米，身高2.1～3.6米；体重3～5吨

特长：智商高

食性：主食竹笋、嫩叶、野芭蕉和棕叶芦等

活动区域：中国、印度、尼泊尔、斯里兰卡、缅甸、泰国、越南、印度尼西亚和马来西亚等国家

保护级别：濒危（EN）（IUCN标准）

亚洲象：请保护我们的栖息地

人类朋友：

　　你们好！

　　我们是亚洲象，顾名思义，我们只生活在亚洲，分布在中国以及东南亚、南亚的一些国家。在中国，我们亚洲象仅仅生活在云南西双版纳几块碎片化的森林中。曾经，我们家族也有过辉煌，在商朝时，中国北方的气候比现在温暖、湿润，我们亚洲象的分布一度到达今天的北京地区。可是好景不长，随着北方气候变冷和人类活动的扩张，我们的地盘日渐萎缩，如今只能龟缩在西双版纳的一些狭小森林里。可是，即便如此，我们的名字却一次次出现在国内新闻的热搜中。

　　2018年，云南省西双版纳傣族自治州境内发生了一起暴力袭击机动车事件，肇事者亚洲象将数辆机动车撞翻至公路桥下。

　　2016年，亚洲象在云南省勐腊县勐腊镇踩死3人。

　　2012年10月31日，云南省景洪市一女子遭大象袭击身亡。

　　2007年9月23日，在西双版纳傣族自治州，一头受伤的母象毁坏庄稼、攻击路人。……

　　因此，很多不明真相的群众对我们亚洲象充满了仇恨，这里我们要向你们说明其中的原委。欲知人与象之间的恩怨，还要从20世纪说起。

亚洲象母子

20世纪70年代之前，在我们亚洲象生活的范围内，人烟稀少，人与象老死不相往来。后来随着人口增加，我们与人类开始有了接触，不过多数情况是"十年等一回"。我们偶然跑到人类活动的区域，对人类充满了好奇和畏惧。道理很简单，人类不属于我们亚洲象的食物和天敌，在我们眼中人类和其他动物没有什么不同。而在人类眼中，见到我们很是新奇，但不会去伤害我们。就这样，我们亚洲象与人类彼此相敬如宾，睦邻友好。

到了20世纪70—90年代，中国人口进入了高速增长期，随之而来的城镇化、农业扩张，疯狂地侵占了原本属于大象的栖息地。据北京师范大学张立教授的团队研究，过去40年来，我们亚洲象的栖息地减少了近一半，赖以生存的天然森林也减少了近一半。与此同时，当地城镇扩张了800多平方千米，水稻、橡胶、茶叶的种植面积大幅增加，尤以橡胶林的增加最甚！

人类的扩张大大压缩了我们的生存空间，我们不得不背井离乡寻找食物。这个时候，我们发现人类在其居住地周围种植了大量农作物。对于我们而言，这可是上等的美味。我们只知道这是食物，能填饱肚子，不知道哪些食物该吃，哪些食物不该吃。这一吃不要紧，惹怒了当地百姓，他们辛苦种植的庄稼就这样被我们毁坏了。怒从心中起，恶向胆边生。于是我们所到之处，村民敲锣打鼓，鸣炮奏乐，惹得我们无法觅食。作为回应，我们开始驱赶人类，伤亡时有发生。而人类看到同胞倒下，又开始新一轮的报复。20世纪80年代，枪还没有被完全禁止，有些极端的村民就开始枪杀我们的同胞。

　　冲突进一步升级，双方互有伤亡。人类痛恨我们，因为我们毁掉你们的庄稼，伤害你们的同胞；我们也痛恨人类，因为你们侵占我们的领地，伤害我们的亲人。此后，我们与人类的梁子就彻底结下了。在你们人类的眼中，我们不再是温柔的存在；在我们眼中，你们人类也不是善良的"两脚兽"，而是凶狠的对手。彼此仇恨的记忆，你们人类经过文化相传延续仇恨；而我们作为群体生活的动物，对人类的仇视也是生生不灭。况且，我们寿命长，记忆力强，这是其他动物比不了的。

　　到了21世纪，随着人口进一步增加，我们与你们人类的冲突进入白热化。而在人类的"努力"下，我们成为国际濒危物种，受到国际关注。哪里有压迫，哪里就要反抗。我们的栖息地被人类侵占，食物短缺，为了生存我们必须铤而走险。人类开始自食其果，事实证明没有枪支武装的人类，是无法和我们抗衡的。附近的人类只能被动防守，他们在大象可能出没的路线上安装摄像头，看到我们出没，就用高音喇叭通知："大象来了，大象来了，注意躲避。"

　　其实，我们亚洲象本质是善良的，我们也不想伤害人类，恳求你们人类能给我们一些生存的空间，不要步步蚕食我们的家园。我们做一个睦邻友好的邻居，难道不好吗？

········ ★野生动物身份证★ ········

中文学名： 扬子鳄

拉丁学名： *Alligator sinensis*

体型： 体长1.6～2.3米；体重约20千克

特长： 具有高超的挖洞打穴的本领，有很强的耐饥能力

食性： 以各种兽类、鸟类、爬行类、两栖类和甲壳类为食

活动区域： 中国

保护级别： 极危（CR）（IUCN标准）

扬子鳄：保护最古老的鳄鱼

人类朋友：

你们好！

我们是扬子鳄，是中国特有的古老珍稀动物，也是曾经统治地球的恐龙的近亲。我们虽然是正宗的中国鳄鱼，但是我们的名字"扬子鳄"是外国人在1897年起的。其实我们在中国早就有名字了。最早，人们根据我们的形态命名为鼍（音：tuó），"鼍"是象形字。元明时期，人们改称猪婆龙，把我们并入"龙"类，现在扬子鳄产区的百姓还常称我们为土龙。我们现今的居住地仅限于江苏、浙江、安徽等部分地区。历史上我们家族的分布范围要比现在大得多。

我们为中小型鳄类，形似大型蜥蜴，一般体长约1.6米，体重约20千克，最大的个体达2.3米、体重达50千克，初孵幼鳄长18～22厘米。我们有尖尖的头、肥大的长尾巴，折叠的四肢分居身体两侧。我们的头部只能左右摆动，而不是像人一样可以转动。我们在陆地上很少爬动，且速度慢，不会跳跃，经常是缓慢地爬行。水体是我们的主要活动天地，但也不能称王称霸，毕竟我们就连水下游来游去的鱼都没有办法捕捉。我们还有点怕人，更不会主动咬人。人们通常所说的吃人鳄鱼可不是我们，而是生活在热带地区的大型鳄鱼。

我们是水陆两栖型爬行动物，尽管在陆地上爬行时，腹部拖地，极为笨拙，但捕食时动作极其迅猛、果断。我们的食物也非常丰富，不仅猎捕鼠、鸭、鱼、鳖、螺、蚌、蛙和节肢动物，甚至连兔子等小型动物也不放过。同时，我们的胃部消化能力很强，耐饥性也较强，半年以上不吃食物，也不会饿死。蛰伏时深居洞穴，双目紧闭，趴伏不动，由于这些较强的适应能力，我们曾经分布较广。

　　在中国传统文化中，我们扬子鳄被称为土龙，人们把我们响亮的叫声与风雨的来临联系在一起，以为风雨雷电与我们密切相关。再加上我们相貌凶恶，行踪诡秘，令人心生敬畏，在古人心目中就逐渐演变成能够呼风唤雨的神灵。经过巫师和部落首领的渲染，我们被人类的先人创造成兴云雨、利万物的神灵。

　　其实，我们的吼叫与自身的繁殖行为关系紧密，吼叫的主要目的是吸引异性，同时有保护领地的功能。我们在每年的3月开始吼叫，11月停止吼叫，其中6月我们吼叫最为频繁。我们会发出"哄！哄！哄！"等单调吼叫声，每声持续的时间短，但传播的距离远。这种吼叫声是由于我们没有声带，肺内空气被有力压缩冲出鼻道时，外鼻孔突然开启而产生的。我们在下雨时吼叫频率最大。

　　我们曾经是恐龙的近亲，从白垩纪演化生存至今。而且，作为古鳄类中唯一的遗存，仅在中国发现。沧桑巨变，我们扬子鳄闯过地球的无数劫难，历经几次物种大灭绝，才得以幸存。如今，我们却成为世界上现存的23种鳄鱼中最濒危的种类。20世纪50年代，我们的数量急剧下

扬子鳄（陈晓东　摄）

降，从500～600条下降为120条。2000年我们就被世界自然保护联盟濒危物种红色名录列为"极危"级。

我们濒危的原因可以归结为四个字：天灾人祸。

先说天灾。我们作为一种外温动物，对于气候变化非常敏感。我们的生活习性与环境温度之间存在的关系：每年10月下旬至翌年4月底，处于冬眠期；5月下旬至9月下旬，处于繁殖期。中国近8000年来冬半年气候变迁呈现阶段性由暖转冷趋势，这与我们的分布北界不断南移是吻合的。

再说人祸。考古已发现，7000年前人类先民食用我们先祖的遗弃物，结合《礼记》《本草图经》《埤雅》到《本草纲目》等记载，我们为"羞（馐）物"，"合药鼍鱼甲"，"鼍身具有十二生肖肉"，"南人嫁娶，必得食之"等，反映了人类捕食我们同胞的历史久远。襄汾、龙山文化墓地及安阳等地多件鼍鼓出土，反映距今4300年人类先民已知晓取食鳄肉之余用其皮革蒙鼓的方法。南宋开垦荒地和围湖造田规模空前，引起连锁反应，加速天然植被破坏，严重危害了我们的生存。明代初期，朱元璋甚至荒唐地将我们（当时亦称猪婆龙）与自己的姓氏联系起来，认为辱没了他而下令剿灭，这更使栖息于江浙一带，尤其是南京地区的扬子鳄同胞惨遭灭顶之灾。明清之后，随着人口数量直线上升，对我们家族的破坏更加严重。

到了近代，我们种群的致危因素主要是栖息地破坏、人为捕杀、环境污染、自然灾害、繁殖力低等。20世纪50—80年代，由于开垦农田等

栖息中的扬子鳄

生产活动，我们的栖息地面积大幅减少，在这30年间减少了3/4以上。1958年前后进行的大规模消灭血吸虫运动，在沟边、塘边大量使用五氯酚钠消灭钉螺，也使得我们食物缺乏甚至被毒死，在分布区域内数量明显减少。

我们是历经地球种种浩劫、千锤百炼留下的，本不会如此快地逼近灭绝，而人类的贪婪、自私，使得我们家破人亡，流离失所，难道你们人类不该反思和救赎吗？

中文学名: 雪豹

拉丁学名: *Panthera uncia*或*Uncia uncia*

体型: 体长1.1~1.3米,尾长0.9~1米;体重30~60千克

特长: 敏捷机警,动作灵活,善于跳跃

食性: 以岩羊、北山羊、盘羊等高原动物为主食,也捕食高原兔、旱獭、鼠类等小动物及雪鸡、马鸡、虹雉等鸟类

活动区域: 中国、哈萨克斯坦、蒙古、阿富汗、印度、尼泊尔、巴基斯坦等

保护级别: 易危(VU)(IUCN标准)

雪豹：我们不想吃牧民的牛羊

人类朋友：

你们好！

我们是雪豹，人们眼中的雪山之王。我们生活在13个国家，其中中国是我们家族最大的家园。我们主要分布在世界屋脊青藏高原及毗邻的帕米尔高原、天山山系海拔900～5500米的亚高山和高山区地带，终年生活在雪线附近，居于高原生态系统食物链的顶端，是一个机会主义捕食者，主要捕食对象是岩羊、北山羊、盘羊。在高山生态系统中，我们战无不胜，具有"王者风范"。在高山裸岩上，我们具有傲视群雄的天赋——飞檐走壁，如履平地。体力充沛时，我们会袭击牦牛群，或猎取掉队的牛犊，可以制服3倍于自身重量的猎物。

从外形上来看，我们身体长而敦实，前腿较短，臀部比肩部略高一些，因此看上去总是撅着屁股，身体向前倾斜。我们的体型不像其他大型猫科动物（如狮子、老虎、豹子）那么匀称，这也许是对山地或坡地的一种适应。我们有一条又粗又长的大尾巴，其长度几乎等于身体的长度。尾毛长而柔软蓬松，硕大无比的尾巴强直有力，很少拖在地上。只有在年迈、疲惫不堪、受伤或患病时，才会拖着尾巴行走。这条大尾巴在我们的日常生活中起到不可或缺的作用。我们栖息的环境多为陡峭的

雪豹（荒野追兽组　提供）

山崖，在上面行走或跳跃，尾巴的功能不可小觑。在跨越几米到几十米的山涧时，尾巴的功能就不仅仅是平衡器了，可能有方向舵或侧尾翼的功能。当然，尾巴除了上述优点，也有很多缺点，如长途奔袭时，它就是一个累赘。此外，在新疆昆仑山，我们的尾巴一旦被牧民擒住，身体就会僵直，不能动弹。

每只成年的雪豹都有一片属于自己的领地。确定领地之后，我们需要日常巡护，并进行标记，我们所做的标记一般只针对自己的同类。领地除了有宣示主权的功能，还可以帮助记住领地内的地形特点。我们一般晨昏出来捕猎，光靠视力是不够的，还要靠灵敏的嗅觉结合自己之前做的标记。我们最擅长的捕猎手段就是依托地形标记打伏击，标记类似于人类的地图，通过标记对地形的掌握，可大大提高捕猎的效率。我们做标记的方式有很多种，在松软的土地以及活动频繁的地方，往往会留下自己的刨痕。所谓刨痕，就是在地面上挖个坑把自己的粪便埋起来，刨迹多的地方就是我们经常活动的地方。在岩壁上，我们会留下嗅迹（一种油性挥发性物质，有点像尿但不是尿，喷射在岩石上）或尿迹。无论是嗅迹还是尿迹都很容易挥发，一般只能保留五六天。如果在野外发现新鲜的嗅迹或尿迹，则说明我们刚离开此处不久。如果遇到两旁有树的地方，我们还要在树上抓上几下，留下自己的抓痕。抓痕不仅可以标记领地，还能磨一磨自己长长的指甲，可谓一举两得。

我们是机会主义捕食者，一只成年雪豹平均每天需要吃近2千克的食物，每年需要消耗730~1200千克的食物。每猎杀一只猎物，平均会

雪豹

在猎杀地附近停留3～4天，每周捕猎1～2次。如果没有外界干扰的话，我们会守在猎物附近保护食物，以免被渡鸦、高山兀鹫、秃鹫、狐狸、狼等偷食。

夏季食物比较充足，而比较难过的是冬季，我们赖以生存的旱獭、黄鼠等动物冬眠了。为了应对食物危机，我们偶尔会下山袭击牧民的家畜。最近，我们在生活中遇到一件苦恼的事。

人类饲养的家畜种群规模在一天天扩大，而北山羊、盘羊等野生动物却在不断减少。由于野羊地位的不断提升，我们雪豹、狼族、猞猁等食肉动物饿肚子的情况就多起来了。夏天还好说，食物广泛，我们也不挑食，即使吃不上美味的羊肉，找点旱獭、黄鼠也是可以勉强度日的。可怕的是冬季，这个时候旱獭、黄鼠要冬眠，本来就少得可怜的野生羊群为了过冬还要减员，并且留下的都是身经百战的精英，捕捉难度可想而知。为了生存，我们不得不铤而走险，猎杀家畜。

我们偷袭牧民的羊群，只是为了填饱肚子，每次只取所需，绝不多拿。然而，牧民对我们恨之入骨，为了对付我们，可谓绞尽脑汁，在我们必经之地埋下陷阱，屠杀我们的同胞。虽然我们在中国早已经是国家一级重点保护动物，但是这里天高皇帝远，我们遇害之后往往很难查出"凶手"。

恳请你们人类想想办法，协调我们与牧民之间的冲突，还我们一片生存的空间。

★野生动物身份证★

中文学名: 金雕

拉丁学名: *Aquila chrysaetos*

体型: 体长76~102厘米，翼展可达2.3米；体重2~6.5千克

特长: 敏捷机警，动作灵活，善于跳跃

食性: 主食雁鸭类、雉鸡类、松鼠、狍子、鹿、山羊、狐狸、旱獭、野兔等，有时也捕食鼠类等小型兽类

活动区域: 中国、阿富汗、安道尔、奥地利、阿塞拜疆、白俄罗斯、保加利亚、克罗地亚、爱沙尼亚、芬兰、法国、德国、匈牙利、乌克兰、阿联酋、英国和也门等

保护级别: 无危（LC）（IUCN标准）

金雕：请人类还我们家园

人类朋友：

你们好！

我是一只金雕，是一种大型猛禽。我们金雕，拥有2米多的翼展和1米左右的体长，黑色的外衣；头发是红褐色的，犹如戴一顶高贵的王冠，因此得名金雕。我们拥有高超的捕猎技能和崇尚自由的性格，因此成为许多国家和民族的图腾。在古巴比伦王国和罗马帝国，我们是王权威严最好的诠释；在哈萨克族眼里，我们是自由的象征；墨西哥人把我们当作国鸟。我们金雕在北半球属于广布种，南半球则很少发现，主要繁殖区分布在北纬20°～70°的广阔区间，有些种群可能分布在更南端。我们耐受极端气候的能力很强，从寒冷的北极到炎热的沙漠都可生存。

最近，我们在新疆的生活遇到了烦恼。我们繁殖的巢穴附近受到人类严重的干扰：2012年6月的某天，某学者不辞万里，长途跋涉亲自考察野生动物。他所观察的位置，高于我们的巢区，水平距离不足百米。对人类而言，与野生动物距离越近，就越能拍出好的照片；对我们而言，这却是一个极其危险的信号。更为可气的是，他还在山顶上搭建棚子。自己家门口突然多了一个棚子，更让我们惶恐不安。当我的孩子在巢穴中急需食物的时候，为了保障它们的安全，我也不敢来投喂食物。

金雕（邢睿　摄）

于是，我只能离开，再去寻找新的巢址。

不仅是我的家庭，我的同胞曾经在卡拉麦里筑巢繁衍后代，结果孩子在离巢迁徙时被人偷走了。我认真总结了我们面临的威胁如下：

第一，栖息地的破坏和丧失。森林的乱砍滥伐和草原的过度放牧等，不仅严重破坏了自然资源，也使得我们的栖息地丧失且造成生境日益碎片化。现代化工业排放的重金属及化学农药的使用，严重地影响了我们的生存和繁衍，导致我们产下"软蛋"，繁殖率下降，幼鸟死亡率增高。此外，煤矿、金矿、石料的开采，对金雕等野生动物造成直接的威胁。金矿提炼使用的氰化钠，直接导致水源污染，引发附近动物食用污染水后死亡。在新疆，一些露天煤矿位于我们的巢附近，巢所在的山体都成了采石场。

第二，捕捉和非法驯养。自2004年以来，在新疆卡拉麦里山区，我们金雕繁殖密度从每1000平方千米1.67对（巢）逐年减少到2011年的每1000平方千米0.37对（巢）。几乎与此同时，在价格的刺激下，金雕捕猎、贸易、非法驯养禁而不止。而最近一些打着保护传统文化、技艺的鹰猎活动使很多的偷猎、非法贸易获得支撑与同情。这些是我们金雕野外种群数量锐减最直接、最主要的原因。

第三，食物缺乏。在新疆，大部分地区持续实行大规模的草原投毒灭鼠，不仅造成我们的食物（如长尾黄鼠、旱獭等）资源持续匮乏，还带来巨大的生态灾难。通过食物链富集的二次中毒，使得我们野外种群数量锐减。

第四，其他原因。近年来，随着西部电网的大力发展，我们遭电击的现象时有发生，对物种资源造成巨大的损失，直接导致我们野外种群数量减少。因此，加强电网改造对减少鸟类电击事件的发生是十分必要的。

在我们的繁殖地，拾卵掏窝的现象也时有发生，导致部分个体繁殖失败，在新疆卡拉麦里地区已经发生过多次由于人为干扰导致我们繁殖

金雕

失败的事件。具体如下：

2005年6—7月，2个金雕巢被人为破坏，巢内几只幼鸟不知去向。

2006年4月24日，金雕巢附近有近百人盗挖硅化木，干扰金雕的正常繁殖。

2006年5月30日，牧民帐篷离2个金雕巢太近（10～30米），引发亲鸟弃巢，卵胚受冻死亡，繁殖失败。

2006年6月26日，相邻的猎隼和金雕巢雏鸟被盗。

2007年4月17日，1个金雕巢被附近几位盗挖肉苁蓉的人发现，幼鸟被盗。

中国之大，难道就没有我们金雕的容身之地了吗？恳求人类高抬贵手，留给我们一片可以自由翱翔的蓝天吧。

POST OF

MAIL

后记

感谢广西科学技术出版社的约稿。本书将蝙蝠、穿山甲、果子狸、竹鼠、斑鳍等野生动物作为主角，通过这些野生动物以第一人称给人类写信的形式，介绍它们的种类、分布范围、生活习性、体内病毒以及与人类的关系等。全书图文并茂，通俗易懂，有助于人们加强对这些野生动物的认识与了解，革除滥食、滥杀野生动物的陋习，倡导健康文明的生活方式，从而真正认识到野生动物的价值。

如今，人类已经在重新反思自身与野生动物之间的关系。为什么不能食用野生动物，这是一个值得思考的问题。很多人是因为害怕野生动物会将病毒传给人类而不去食用野生动物，但这样的认识会带来一系列问题。如果人类有一天科技足够发达或医疗水平足够高，可以避免食用野生动物带来的伤害，那么人类是否就可以毫无顾忌地食用野生动物呢？如果不能深层次思考人与野生动物的关系，仅仅是因惧怕而不食野味，这种认知远远不够，这种反思也远远不够，这种认知的存在说明人类还是没有真正理解人与动物之间的关系。禁食野味只是治标，保护生态系统，维护生态安全才是治本。人类应该对动物怀有感激之情，它们是保护我们健康的生态长城。野生动物是物种多样性的重要组成部分，在生态系统中发挥着不可或缺的作用。

　　人与野生动物、植物、微生物是一个命运共同体，共同组成了地球上的生态系统。完整的生态系统可以确保人类的健康和安全。生态系统一旦遭到破坏，人类也会受到惩罚。仅仅因惧怕而不去食用野生动物是完全不够的，维持生物多样性，确保生态系统的安全和稳定才是人类最后的救赎！

赵序茅

2021年3月